〔美〕凯瑟琳·L. 罗斯（Catherine L. Ross）

〔美〕玛拉·奥伦斯坦（Marla Orenstein）

〔美〕妮沙·博特维（Nisha Botchwey）　　　　　著

美国健康影响评估

理 论、方 法 与 案 例

Health Impact Assessment in the United States

赵锐　李雨钊　刘春平　高晶磊／译

傅卫　赵琨／审校

社会科学文献出版社

SOCIAL SCIENCES ACADEMIC PRESS (CHINA)

序

　　健康是每个人与生俱来的权利，没有全民健康，就没有全面小康。健康是促进人的全面发展的必然要求，是经济社会发展的基础条件，是民族昌盛和国家富强的重要标志。习近平总书记在全国卫生与健康大会上强调，"要坚持正确的卫生与健康工作方针，以基层为重点，以改革创新为动力，预防为主，中西医并重，将健康融入所有政策，人民共建共享"，① 明确将人民健康放在优先发展的战略地位。

　　当前，随着经济社会快速发展和疾病谱的变化，社会、自然环境和生活行为方式等因素对健康的影响越来越突出，医学模式从生物医学模式转向生物－心理－社会医学模式，健康问题也越来越成为一个跨部门的公共政策问题。我国不仅面临发达国家普遍存在的老龄化加速、慢性病高发的问题，同时还面临提高公共卫生管理水平和重大传染病流行的挑战。2019 年 12 月暴发的新型冠状病毒肺炎（COVID－19），作为新中国成立以来在我国发生的传播速度最快、感染范围最广、防控难度最大的一次重大突发事件，再次对我国政府的健康治理体系和治理能力提出了挑战。在这一时期，国家政府对科学决策、民主决策以及决策正确度的要求越来越高。如何建立循证决策机制，提升健康治理能力，更好维护人类健康，也是世界各国面临的共同任务。

---

①　2016 年 8 月 19－20 日全国卫生与健康大会在京召开。中共中央总书记、国家主席、中央军委主席习近平出席会议并发表重要讲话。提出新时期我国卫生与健康工作方针"以基层为重点，以改革创新为动力，预防为主，中西医并重，将健康融入所有政策，人民共建共享"。人民网：《习近平在全国卫生与健康大会上强调"把人民健康放在优先发展战略地位努力全方位全周期保障人民健康"》［EB/OL］. （2016－08－21）［2020－03－23］. http：//cpc. people. com. cn/GB/n1/2016/0821/c64094－28652210. html。

在健康决策中，根据国情借鉴国际成功的经验，是一种有较高投入产出效益的手段。健康影响评估（Health Impact Assessment，HIA）是一种国际通用的多学科、跨部门的影响评价工具。用来判断政策、计划、建设项目对人群健康的潜在影响，从而为政府决策提供证据支持。健康影响评估制度是国际上实施把健康融入所有政策、推进健康城市建设的一项重要保障，是实现可持续发展目标（SDGs）的治本之策。美国、澳大利亚、泰国等国早在 10 年前就成立了多部门联合组成的委员会，专门审查与健康有关的政策或相关法律法规，探索出不少行之有效的方法，在经济、政治、社会、文化、生态建设中将健康作为重要目标和判断标准，并形成了一套较为完善的健康影响评估的技术标准、管理体系和运行机制。

党中央、国务院始终坚持"以人民健康为核心"的新发展理念，在《"健康中国 2030"规划纲要》中明确提出"要全面建立健康影响评估制度，系统评估各项经济社会发展规划和政策、重大工程项目对健康的影响"。2019 年 12 月 28 日，十三届全国人大常委会第十五次会议表决通过的《基本医疗卫生与健康促进法》，首次以立法的形式设立了健康影响评估制度，将公民主要健康指标的改善情况纳入政府目标责任考核。从此，对各项经济社会发展规划、政策、工程项目进行系统的健康影响评估有了法律依据。在地方实践中，上海、浙江等地已开始试点将健康影响评估作为健康中国行动的抓手。与发达国家相比，我国这项工作起步较晚，基础还较薄弱，规范化的运行机制还有待完善，工作推进和发展依然任重而道远。比如，对于健康影响评估的职能归属及实施主体、评估对象与范围、启动条件与评估程序、公众参与、信息公开、结果应用等核心问题还需要进一步理清。

国家卫生健康委卫生发展研究中心作为国家重要智库，翻译《美国健康影响评估：理论、方法与案例》一书，是对健康影响评估技术工作和制度建设的重要补充。这本书对美国健康影响评估历史进行了梳理，通过详实丰富的案例对健康影响评估在美国的实践给予了详尽的介绍，为构建我国健康影响评估制度的实现路径提供了借鉴与启示。希望读者通过了解美国健康影响评估的理论、方法与实施过程，学习其经验，摒弃其糟粕。也希望我国在今后的工作中，探索完善"健康影响评估制度"，更好地推动健康影响评估结果为政策决策服务。通过理念、政策、技术、管理等创新，整合各方资源，多部门联动、动员公众广泛参与，形成符合中国国情的健康影响评估制度的技术工具和实践路径，建立"将健康融入所有政策"的制度性安排，为"健康中国"建设打下坚实基础。

中国工程院院士

健康中国行动推进委员会

专家咨询委员会主任委员

2020 年 3 月 6 日

自　序

就像今天在美国所做的那样，本书旨在让读者对健康影响评估（HIA）有一个全面的认识，以及提供一些在指导、开展或评估健康影响案例方面的实用工具。通过引用美国和其他国家已完成的对 HIA 案例的研究，本书加强了对 HIA 内容、原因和方式的阐述。本书分为四个部分。

第一部分讨论了 HIA 及其融入公共卫生、规划和政策发展的问题。第二部分介绍了 HIA 的核心概念，并提供了来自美国和其他国家的案例研究。第三部分详细讨论了 HIA 的六个步骤，并描述了每个步骤的目的、方法和程序。第四部分讨论了 HIA 在美国的发展情况。

本书旨在让读者深入了解 HIA 的基本概念和方法。希望这本书同时能作为 HIA 逐步推行的指南，用以指导我们如何开展 HIA。这本书也介绍了其他可能与 HIA 结合使用的影响评估方法。在 HIA 领域，除了需要讨论和阐明政策、项目和项目对健康的影响外，还需制定方法和策略来明确这些含义。希望本书能对此做出一定贡献。

致　谢

感谢对这本书的撰写给予支持和贡献的人。首先，最重要的是感谢各位同事和朋友以及那些孜孜不倦地工作，将健康融入美国和国外政策、规划和项目决策框架中的人们。他们促进了本书的完成，在撰写中提出了许多关键性建议。我们十分重视他们的工作成果，因为这些成果代表了关于健康影响评估（HIA）和当前实践的先进理念。

当然，在任何新兴领域，都有机构和人员提供资源和指导，并为其蓬勃发展提供基础。皮尤慈善信托基金和其主持的健康影响项目一直是美国许多HIA项目的主要资金来源。皮尤慈善信托基金资助的许多HIA项目对人们日益认识到HIA是当今决策中的一个重要影响因素做出了重大贡献。有很多无法单一分类的其他机构已将HIA作为其正在开展的活动的一部分，并予以分享，这些都是旨在改善美国和其他国家健康状况的信息和资源。在欧洲，以及加拿大和澳大利亚，HIA发展过程中体现出的主导力量为我们在美国的实践提供了完备的依据，对此我们非常感激。

特别感谢约书亚·莱文、安娜·哈克尼斯、阿提·维贾纳加拉·拉奥和安吉拉·安吉尔对研究的帮助，同时也感谢那些允许我们引用案例研究、表格和数字的组织。

另外，还要感谢在我们处理这份手稿时给予坚定支持的家人和朋友。是你们教会了我们要懂得观察、质疑、记录和教导他人。非常感谢托马斯、林杰、沙尼、穆雷、弗雷泽、埃里克、埃德、尼亚拉、安德鲁和尼古拉斯。这部作品是你们决心和魅力的体现，也是我们一起工作和生活的见证。

最后，希望本书能帮助各位读者提升自己的生活和事业水平。

凯瑟琳、玛拉和妮沙

目　录

第三部分　应用学习： 实施 HIA

第四部分　HIA 的现状和发展趋势

图目录

表目录

框目录

案例分析索引

组织/机构	HIA 名称	案例类型	地点	章节
斯波坎市和斯波坎地区卫生署	斯波坎大学区步行/自行车桥道 HIA	规划	华盛顿州	1. HIA 的目的
威斯康星大学健康研究所	过渡时期就业计划 HIA	计划	威斯康星州	1. HIA 的目的
约翰霍普金斯大学儿童与社区健康中心和巴尔的摩市	转变巴尔的摩全面区划 HIA	政策	马里兰州	1. HIA 的目的
佐治亚理工学院生活品质增长和区域发展中心、美国疾病预防和控制中心	亚特兰大环线 HIA	计划	佐治亚州	5. 美国案例研究
人类影响合作组织	2009 年《健康家庭法案》HIA：缅因州附录	政策	缅因州	5. 美国案例研究
加利福尼亚公共卫生部	限额与交易计划 HIA：2006 年加利福尼亚州《全球变暖解决方案》	政策	加利福尼亚州	5. 美国案例研究
波士顿儿童健康影响工作组	能源成本和低收入家庭能源援助计划的儿童 HIA	政策	马萨诸塞州	5. 美国案例研究
国际健康影响评估联盟（英国利物浦大学）、公共卫生研究所（爱尔兰）、国家公共卫生和环境研究所（荷兰）	欧洲就业战略 HIA	政策	欧盟	6. 国际案例研究
纽飞尔公司	纳卡拉大坝 HIA	规划	莫桑比克	6. 国际案例研究
曼努考市议会	威里空间结构设计 HIA	计划	新西兰	6. 国际案例研究
弗吉尼亚联邦大学人类需求研究中心	弗吉尼亚州谢南多厄河谷畜禽粪污能源化设施潜在健康影响	规划	弗吉尼亚州	8. 范围界定
栖息地健康影响咨询中心	育空地区基诺市附近采矿工程 HIA	规划	加拿大育空地区	8. 范围界定
科哈拉中心	2010 年夏威夷农业发展规划	政策	夏威夷州	8. 范围界定

组织/机构	HIA 名称	方案类型	地点	章节
加州大学洛杉矶分校的科哈拉健康影响项目	萨克拉门托的到校安全路线 HIA	政策	加利福尼亚州	9. 评估
堪萨斯健康研究所	堪萨斯州东南部赌场发展的潜在健康影响	政策	堪萨斯州	9. 评估
旧金山公共卫生部	加利福尼亚州议会第 889 号法案 HIA：2011 年《加利福尼亚州本地雇工平等、公平和尊严法案》	政策	加利福尼亚州	9. 评估
澳大利亚原住民医生协会和新南威尔士大学健康平等培训、研究和评估中心	北部地区应急响应 HIA	政策	澳大利亚	9. 评估
上游公共卫生组织	俄勒冈州农场进校政策 HIA	政策	俄勒冈州	10. 建议 11. 报告和传播
人类影响合作组织等	乡间运动场开发项目快速 HIA	规划	加利福尼亚州	10. 建议
纽飞尔公司	叉骨山采矿草案 HIA	规划	阿拉斯加州	10. 建议
上游公共卫生组织和俄勒冈健康与科学大学	减少俄勒冈州市区车辆行驶里程的政策 HIA	政策	俄勒冈州	10. 建议
人类影响合作组织	《加利福尼亚州健康家庭和健康工作场所法案》HIA	政策	加利福尼亚州	11. 报告和传播
环境资源管理组织	金矿开发 HIA	计划	美国西南地区	11. 报告和传播
克拉克县公共卫生部	HIA 评价：克拉克县自行车道和人行道总体规划	规划	华盛顿州	12. 评价
生活品质增长和区域发展中心	佐治亚州奥尔巴尼市优质社区提案：快速到中速 HIA	规划	佐治亚州	12. 评价
生活品质增长和区域发展中心	佐治亚州梅肯市第二街道重建项目：快速到中速 HIA	规划	佐治亚州	12. 评价
伯纳利欧县地方事务小组	伯纳利欧县行人和自行车骑行者安全行动计划 HIA：可山景城第二大街区的可及性及安全性	计划	新墨西哥州	15. HIA 和新技术

第一部分

HIA 的背景：综合公共卫生、规划和政策制定

第一章
HIA 的目的

摘　要：　基于美国当前的疾病负担现状，在政策对健康的影响仍为空白的背景下，本章旨在探讨实施健康影响评估（HIA）的价值，并介绍 HIA 的概念，其中包括什么是 HIA，它将如何帮助推进公共卫生目标以及项目和政策的制定。本章探讨了 HIA 的起源，并列出时间表，勾勒出其诞生并发展的重要社会和历史环境，及其发展历史。同时，找出不同区域或联邦机构推动或参与其中的原因。并通过分析不同组织提供资金的情况、在不同地区和领域开展 HIA 的情况，列出了各组织对 HIA 的不同兴趣水平。本章讨论了 HIA 将如何推动解决健康问题，以及与更为宏观的政策和决策环境相联系的方式。最后，本章总结了 HIA 对于识别、理解、传达和评估大量美国当前面临的紧急健康问题的重要意义。[1]

---

[1]　C. L. Ross et al. , *Health Impact Assessment in the United States*，DOI 10. 1007/978 – 1 – 4614 – 7303 – 9_1，© Springer Science + Business Media New York 2014.

关键词：　《国家环境政策法案》（NEPA）；健康挑战；公共卫生政策；
健康影响评估；拨款资金；项目；计划；HIA 的目的；健康
决策制定；皮尤慈善信托；HIA 的类型

HIA：介绍

面临什么问题？

今天美国面临的主要健康挑战十分复杂，包括肥胖、气候变化、体育活动减少、安全问题以及健康食物的获取。这些可普遍归因于各种因素，包括社会环境、自然环境和经济环境。人们普遍认为，个人与社区的健康取决于多种外部因素，诸如生活、工作、学习和娱乐环境，社会条件，经济政策和公共服务等。这些问题远远超出了卫生保健领域的范围，卫生保健的功能一般限于在疾病暴发前将其控制。事实上，最佳的机会在于使用综合方法来预防疾病和应对不良健康问题。"体育锻炼、营养和控烟是预防的三个关键目标，参与项目的社区可以在健康和财政储蓄方面双丰收。"（Trust for America's Health，2009）应对卫生挑战需要尽可能分辨导致不良健康结果的决策和做法。然而，用于评估这些外部条件如何影响人们的健康和幸福，并能指导和完善人们健康决策的分析工具开发仍存在滞后性。

健康影响评估（HIA）起源于欧洲，近些年被引入美国并在一些地方得到实践，在过去 15 年中已发展为一种经过验证并且可以协助制定与健康相关的决策的实用方法。

什么是 HIA？

HIA 是评估造成不良健康结果的风险因素、疾病和平等问题的一种方法（Committee on Health Impact Assessment，National Research Council，2011）。

世界卫生组织将 HIA 定义为"评估政策、规划、计划和项目对人群健康的潜在影响及其对分布的程序、方法和工具组合的影响"（European Centre for Health Policy，1999）。HIA 实质上是一种机制，它通过检查使政策、计划或项目潜在的健康风险和影响凸显出来，并且帮助推动"健康的"决策制定。它最常用于那些不将健康影响作为首要目标的政策、计划和项目，但那些可能对健康有所影响的情况则不尽然，例如影响经济、农业、运输或能源生产的决策。

HIA 的主要作用在于为修改项目、政策、计划或策略提出一系列建议，以尽量减少潜在的不良健康结果，最大限度地发挥积极健康影响，并减少一切影响健康平等的因素（Mindell et al.，2008）。为达到这一目的，HIA 的实践以公共卫生专业知识为基础，涉及多学科专家组和受影响社区成员的合作，采用包括流行病学、环境影响分析、风险分析、成本效益分析、系统评价和社区以及城市规划等领域的多种方法（Cole and Fielding，2008；Bhatia and Wernham，2008）。表 1.1 显示了三个简短的真实 HIA 案例，分别为关于规划、计划和政策的案例。

表 1.1　HIA 案例

审查内容	HIA 工作内容
规划	斯波坎市和斯波坎地区卫生署合作进行了"斯波坎大学区步行/自行车桥道 HIA"，这让决策者了解到潜在的健康影响因素与大学区的桥道情况相关。评估了桥道在其四分之一英里半径范围内对当前和未来人们的生活、工作和娱乐活动的影响。评估的主要成果是桥道对大学区的健康状况有积极影响，并在成本优先、健康影响以及减少车辆行驶里程影响的基础上提出了明确的建议
计划	威斯康星州立法部门当时正要做出一项决定：是否在 2013～2015 年的预算中续延、修改或取消过渡时期工作示范计划。该计划为低收入的威斯康星州居民提供了工作培训、经验和重新就业的支持，目前已经帮助了约 3900 名低收入人士。"过渡时期就业计划 HIA"旨在为立法决策提供信息，因为该计划尚未对计划参与者及其家属、子女的健康是否有潜在影响展开分析。评估发现，更新这一计划可能改善一些关键的健康决定因素，包括收入、社会资本、家庭凝聚力和儿童虐待，并且有多方面证据表明该计划对饮食和酒精/烟草的使用也会产生影响
政策	"转变巴尔的摩全面区划 HIA"由约翰霍普金斯大学儿童与社区健康中心和巴尔的摩市联合实施。其目标是通过提供信息，使利益相关者和决策者了解新区划在提高社区健康水平和减小健康差距方面的潜力，并提供了如何获得健康成果的建议，从而达到影响巴尔的摩最新区划的目的

HIA 起源于何处？

环境运动（麦克哈根的《道法自然》，卡逊的《寂静的春天》）和规划理论（行动主义，宣传主张）的发展以及公共和非政府机构对环境的关注推动了 1969 年《国家环境政策法案》（NEPA）的通过，这标志着环境影响评估（EIA）最终成为"用以指导那些会对环境质量和人们健康安全产生影响的规划和决策制定的操作工具"，并作为执行环境敏感型决策的法律工具（Caldwell，1988）。环境影响评估还集成了将区域规划、系统思维和人类健康联系起来的系统方法。

为体现立法初衷，NEPA 的目标就是寻找影响人类健康的因素。但是，通过 EIA 来实施的方式还不完整。实际上，EIA 几乎没有广泛的健康措施，或者说仅仅把焦点放在了曝光环境中的有毒物质上。针对这一问题，人们制定了替代评估方法，可以更全面地判定政策对社会和人们健康的影响。上述是根据健康的社会影响因素（包括环境、社会、经济和制度），以及卫生平等来考虑的（Harris-Roxas et al.，2012）。对于以上论述，补充的方法包括 HIA 和社会影响评估（SIA），我们将在第三章进一步讨论"HIA、EIA、SIA 及其他评估方式"。表 1.2 是 HIA 大事记。

表 1.2　HIA 大事记

年份	大事记
1901	纽约市通过了《公寓楼法案》，该法案旨在改善每套住宅的照明及通风设备。这一公共健康法案因以通过改善居住条件来推动民众健康、安全和民生发展为目的而得到通过
1916	纽约市编制了首个《全面区划条例》，减少了不利于农村地区健康和安全的条件
1930	安布勒地产公司与所在地欧几里德村政府的案例允许分离使用土地，且在一定程度上考量了关于公共健康危害的法律，得出了分离使用有利于社区健康和安全的结论
1969	《国家环境政策法案》（NEPA）的目标中覆盖了社区健康和民生，且成立了环境保护署（EPA）
1972	《清洁水法》（CWA）成为联邦法律，用以管控点源污染物

续表

年份	大事记
1974	《安全饮用水法案》（SDWA）成为联邦法律，通过管理公共饮用水保护社区健康
1986	世界卫生组织召开首届国际健康促进大会，提出了《渥太华宣言》以及"2000 年全面健康目标"概述大纲
1997	世界卫生组织召开第四届国际健康促进大会，提出了《雅加达宣言》，将 HIA 作为 21 世纪的重点工作，并建议各级政府开展健康促进行动
1999	旧金山卫生部（SFDH）首次进行了美国 HIA 在政策方面的应用，提高了旧金山的最低薪资水平 世界卫生组织发布了《哥德堡共识声明》，为 HIA 提供了一个统一的定义和价值观
2000s	澳大利亚、加拿大、新西兰和泰国将 HIA 列入环境影响评估立法。欧洲和加拿大将 HIA 列入战略环境评估
2001	国际健康影响评估联盟（IMPACT）发布《默西塞德郡的 HIA 指南》
2002	疾病控制与预防中心首次在美国举办了关于 HIA 的研讨会
2003	旧金山公共卫生部（SFDPH）提议拆除三一广场公寓。HIA 在 EIA 的过程中发挥了一定作用，将范围扩大至住宅置换和间接健康影响
2006	《HIA 在美国的应用：27 项案例研究（1999—2007）》发表于《美国预防医学杂志》。国际影响评估协会（IAIA）发布了《健康影响评估国际最优实践方法》。联邦法案《2006 年健康场所法案》提交至国会，其中提出了 HIA 立法，但未通过
2007	阿拉斯加州部落内部委员会成功地将 HIA 正式纳入阿拉斯加北坡地区关于国家石油储备的原油和天然气发展的联邦 EIA 中。SFDPH 研发的健康发展测量工具（HDMT）后来改名为"可持续发展社区指数"，用以衡量宜居、合理、繁荣的城市
2008	在美国完成了 27 项 HIA。北美 HIA 实践标准工作组提出了首个 HIA 实践标准。华盛顿州参议院第 6099 号法案要求在 520 桥的路线重置中应用 HIA
2009	马里兰州蒙哥马利县设立了要求在四项公路项目中使用 HIA 的健康决议委员会。CDC 为包括威斯康星州和明尼苏达州在内的四个州的 HIA 项目培训和技术协助提供资金支持。首个年度 HIA 美洲研讨会在奥克兰举办
2010	罗伯特·伍德·约翰逊基金会的健康影响项目为 13 项 2010 年的 HIA 示范项目提供资金支持。第二版《健康影响评估的最小因素和实践标准》。白宫儿童肥胖专案组建议地方政府在建设新发展项目前开展 HIA
2011	美国规划协会的一项关于从业规划师的调查显示，在 27% 的依托全面计划解决公共健康问题的案例中，不到 4% 的规划师在计划中使用了 HIA。国家研究委员会发布了《美国的健康情况有所改善：健康影响评估的作用》，作为美国的 HIA 指导性文件。健康影响评估从业者协会（SOPHIA）成立

续表

年份	大事记
2012	首届年度国家健康影响评估会议在华盛顿召开
2014	在美国共完成 240 项 HIA

主要参与者、机构及专家

在美国，HIA 大多由公共健康部门和教育机构开展，少数私人机构、非营利组织或社区组织也会采用。虽然 HIA 的使用量正在增长，但其应用情况仍不乐观，应用区域集中于加利福尼亚州和南方〔主要是在亚特兰大，这在很大程度上是由于疾病预防和控制中心（CDC）的存在〕（见图 1.1）。[①]此外，现有评估项目的规模很小，而且规模（区域）扩大的趋势越来越明显。

但是，令人倍感欣慰的是，我们发现决策者正在不同层级（地方、县、州和联邦）使用 HIA（Dannenberg et al., 2008）。图 1.2 表明了使用 HIA 的实践主题的分布情况。数据来自罗伯特·伍德·约翰逊基金会和皮尤慈善信托基金会合作的健康影响项目，已经整合成了迄今为止在美国完成得最为完整的 HIA 清单。

越来越多的美国知名组织，不论是否接到要求参与健康项目，都在呼吁更广泛地使用 HIA 或将其制度化。表 1.3 显示了有影响力的组织最近发布的报告摘录，建议将 HIA 作为实现国家健康目标的工具。推荐 HIA 的一些关键原因是：

- 积极提供有关政策或计划的潜在风险和益处的信息
- 将健康层面的考量系统地建立在非健康部门的决策中
- 改善弱势群体或个人的健康状况
- 减少环境不公或健康差异

---

① 图 1.1 略。加利福尼亚州、俄勒冈州、阿拉斯加州三个州已开展的 HIA 项目数量最多，在 18 – 58 项之间——译者注。

HIA 的资金来源及所需花费

　　HIA 的资助规模不等，其资助金额取决于工作的范围。费用和赠款金额也因 HIA 是独立的还是整合到 EIA 流程中而有所不同。HIA 的成本可能在几千到几十万美元之间。通常用于个别项目级别的 HIA 资助金额较低。超越个人评估层面的长期 HIA 整合和性能建设的系统和结构开发，会获得较大金额的资助。

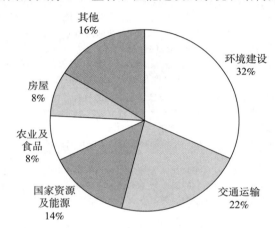

总体上升。HIA的应用正在快速扩大，因为越来越多的城市和州发现HIA在健康方面非常实用。2007年，美国共完成27项HIA。现在已完成和正在进行的HIA项目超过225个

图 1.2　截至 2013 年 4 月，已完成和正在进行 HIA 的行业分布情况
（健康影响项目的图形化方案，罗伯特·伍德·约翰逊
基金会与皮尤慈善信托基金会的合作项目）

　　在美国，资助主要来自少数几个组织，包括：罗伯特·伍德·约翰逊基金会、皮尤慈善信托基金会、加利福尼亚州基金会、疾病预防和控制中心和地方政府（Dannenberg et al.，2008）。皮尤慈善信托基金会和罗伯特·伍德·约翰逊基金会通过健康影响项目共同资助了 HIA，该项目迄今为止资助的 HIA 数量超过其他任何资助。这种资助与健康影响项目的任务要求相关，是为了推动 HIAs 成为决策者的工具。加利福尼亚州基金会等私人健康基金会与健康影响项目合作，支持在特定地区（本案例中指加利福尼亚州）开发自己的 HIA 计划。CDC 与格鲁吉亚州当地机构及加州大学等其他州的机构合作在洛杉矶开展 HIA。规模较小的 HIA 源自地方机构，包括县级健康部门、非政府组织、社区团体和国家卫生部门。

表 1.3　促进 HIA 使用的理由

组织及报告名称	促进 HIA 使用的理由
医学研究所《与慢性疾病和平共处：呼吁公共健康行动（2012）》	委员会还建议采取全面健康政策，将 HIA 作为一种有潜力的方式进行试点和评估，从其对健康、与健康相关的生活质量、患有慢性疾病的个人和相关效能的功能状态等方面的影响来制定一套主要的联邦法律、条例和政策
美国卫生与公众服务部（HHS），2012 年 HHS 环境公平战略与实施计划	HIA 可用于评估发展项目和土地使用决策的潜在健康影响。作为美国新兴的实践领域，HIA 技术将潜在的公共健康影响纳入传统上属于公共健康领域的计划、项目和政策的制定过程。HIA 帮助决策者避免不利的健康后果和过高的成本并起到改善健康的作用。HIA 也可以通过类型化受影响弱势群体与政策或项目之间的关系来减少环境不公。2012 年重新启动的战略计划旨在进一步确保环境公平因素被纳入联邦决策过程
HHS优先改善公共健康质量的地区（2010）	应将 HIA 的概念视为使公共健康系统思维制度化的一种方法……HIA 对联邦、州和地方层面的计划及政策的评估能确保公共健康在涉及影响健康的政策（如农业、交通运输、教育、经济发展）时有发言权，并可以有效减少任何潜在风险，或进一步增加提升健康水平所带来的益处
国家预防、健康促进与公共健康委员会的国家战略：美国更优健康与保健计划（2011）	评估和审核（例如 HIA）可帮助决策者评估项目或政策，以此实现积极的健康结果，并尽量减少不利的健康结果和健康不平等。……HIA 可为决策者提供拟议的政策和计划对健康不公的潜在影响
美国国家科学院国家研究委员会，改善美国健康：HIA 的作用（2011）	HIA 已成为一种将健康因素纳入决策过程的极具前景的途径。它已在世界范围内被用于评估各级政府各类提案的潜在健康影响。世界卫生组织和多边发展银行等国际组织也为 HIA 的发展和进步做出了贡献，各国和各组织都各自制定了开展 HIA 的指导文件。本报告提出了在联邦、州、部落和地方各级（包括私营部门）的政策、计划和项目中开展 HIA 的六步框架
白宫儿童肥胖专案组，《在一代人的时间内解决儿童肥胖问题》（2010）	HIA 能帮助决策者关注他们正在考虑的项目和政策的健康后果，特别是土地使用决策如何从正反面影响体育活动。当地社区应考虑将 HIA 纳入当地的决策过程，联邦政府应继续支持制定促进 HIA 的最佳实践方法、工具和支持性资源
部长咨询委员会国家健康促进和疾病预防咨询委员会的《2020 年健康人群：解决美国社会健康决定性因素的机会》（2010）	在通过全面的文献综述得到大量证据前，HIA 就能取得早期成果，这使其成为重要的"有前景的实践方式"之一。在国家和地方层面，这些数据可以用来使决策者意识到实施政策、项目和计划以改善人口健康的必要性
部长咨询委员会国家健康促进和疾病预防咨询委员会的《循证临床与公共健康：产生和应用》（2010）	HIA 提供了另一种工具，是一个将健康问题纳入其他部门决策的实用工具，其方式就是"把健康问题融入所有政策"，用于收集最佳可用信息以辅助影响健康的决策

在其他公共健康和规划相关工作中，HIA 也可在额外资助健康相关研究和其他公共健康及相关计划的考虑中发挥作用。亚特兰大环线 HIA 项目是这一理念的范例；HIA 在研究和实施沿线线路系统中获得了凯撒医疗集团的支持。迄今为止，已捐资亚特兰大环线 250 万美元用以建设东区线路，另有 250 万美元由私人捐助者提供。凯撒医疗集团还资助了这些基础设施的改进对健康影响的评估研究。在 HIA 的成果中，包含环境保护署（EPA）向环线项目资助了 100 万美元以清理待重新开发的城市用地（Ross et al.，2007）。在格鲁吉亚的迪凯特市，HIA 作为市政府社区交通规划过程的一部分，帮助吸引了几个卫生相关计划的资金，并通过机构为方案提供支持，包括聘请积极生活部主任，并为未来的"安全到校路线计划"建立一条更可持续的道路。

政治层面的 HIA

虽然 HIA 可应用于政策、计划或项目，但由于这些大规模政策覆盖面极广，所以通常来说，在区域或联邦政策层面上的"推进"最好。基于对这一重要潜力的认识，下一节我们将更详细地研究 HIA 在公共政策背景下的作用。

公共政策的介绍

公共政策通常是指各国政府为达到预期成果而制定的法令、条例、战略或计划。一般来说，政策是用来鼓励那些支持该政府管辖下人口幸福和福利的条件。政策的目标涉及很多方面，如：教育、粮食生产和分配、土地利用、城市设计、交通、收入保障、经济发展、住房、能源、卫生等。

需要注意的是，健康政策在现实中往往并不等同于健康公共政策。世界卫生组织将健康政策（或健康公共政策）定义为"为实现特定健康目标所采取的决策、计划和行动"（World Health Organization，2013）。也就是说，健康政策或健康公共政策将包括所有以促进全民健康为结果的政策行动。然而，在美国公众看来，主流的健康政策过多关注完善卫生保健系统的结构和功能，并非为了改善个人或群体的健康状况。这一基于临床的观点并不重视维护健康的价值，只关注治愈疾病。

通常，公共政策由一种迭代循环形成，在此过程中需要确定一个问题，制定政策选择，决定具体的行动方针，执行新政策，然后评估结果。如果在选择时和部分政策循环同步，HIA 则最有潜力，也最有可能发挥作用。这样就能在决策敲定或政策实施前留出调整的机会。

其他将 HIA 用于公共政策的地区情况如何？

在过去 20 年中，HIA 已在全球多个国家政策层面成功建立起来。这些地区实施公共政策的方式差异很大，因为负责执行 HIA 的政府级别不同，用于委托和执行 HIA 的模式、支持工具、框架、问责程度和资金机制均有差异。

在英格兰、爱尔兰、荷兰、波兰、斯洛文尼亚、瑞士和威尔士，HIA 的预算属于国家层面。在加拿大魁北克省，2002 年《公共健康法》将 HIA 辅助公共政策决定制度化，并且在联邦层面，加拿大参议院人口健康小组委员会建议将 HIA 纳入联邦政策框架（D'Amour and Pierre, 2009；Keon and Pepin, 2009）。

在新西兰，在制定新政策的过程中考虑健康问题的要求已经固化，并应用到了很多具体法案中，如《本地政务法案》《博彩法案》《陆路运输管理法案》和《建筑法案》。HIA 是每一个法案的常用工具。在澳大利亚和泰国，除了与 EIA 配合，在其他情况下使用 HIA 均为自愿行为。

在美国，包括加利福尼亚州和阿拉斯加州在内的数个州都在有限的情况下逐步加强 HIA 在决策中的作用。在 EIA 的影响下，NEPA 明确要求在公共政策计划中使用 HIA。目前，美国有 20 个州和地区已颁布了 NEPA 指导下的地方法。每年以联邦名义完成的环境影响声明就有 500 多项，同时有成千上万的类似评估在国家级环境评估法律的背景下完成（Humboldt State University Library, 2013）。

随着 HIA 在国家和国际层面的广泛应用，健康影响越来越多地被应用到公共领域和私人行为中。在大众健康问题中，慢性病的增长颇引人注目，因为这些疾病会影响社会上的老人和儿童，因此人们加强了对 HIA 的关注。

HIA 的价值

本章前几节简要介绍了 HIA 的定义、起源、使用或倡议，以及它如何被应用于健康公共政策。以下列出了使用 HIA 的潜在益处。

（1）HIA 协助决策制定。HIA 不做项目、计划或政策决定，而是以清晰透明的方式为决策者提供信息。

（2）HIA 明确了项目、计划和政策对健康的潜在影响。在可能的情况下，HIA 能够量化或概括这些健康影响，使决策者在选择政策时能做到理解潜在的"权衡"。有助于组织有策略地投资最有价值的项目、计划和政策，并避免投资可能产生负面健康影响的项目。

（3）HIA 关注对健康的正面和负面影响。它不仅明确指出负面影响，还能挖掘项目、计划和政策的机会，以最大限度地发挥对健康的潜在积极影响。

（4）HIA 可以提供和阐释与健康有关的实证。它通过向决策者提供来自定性和定量的最佳现有实证来加强研究与项目、计划和政策之间的联系。

（5）HIA 有助于改善健康状况，并减少健康不公现象。它可以帮助改善人口的整体健康状况，有助于确保项目、计划和政策不会对健康产生不利影响。HIA 可最小化项目、计划和政策不平等现象的范围。

（6）HIA 可协调和整合不同部门的计划、项目和政策。HIA 的这种多部门协调方式有利于更加全面地发展。

（7）除了明确将健康影响纳入考虑范围，HIA 还有助于决策者将可持续性和弹性的原则要求纳入项目、计划和政策制定中。

（8）HIA 有助于减少不良财务影响。

（9）HIA 支持社区参与，使项目决策者和公民能更加了解项目，并投资于促进积极的健康结果和限制健康风险。

参考文献

Bhatia, R. , Wernham, A. 2008. "Integrating Human Health into Environmental Impact Assessment: An Unrealized Opportunity for Environmental Health and Justice. " *Environ Health Persp* 116 (8): 991 – 1000.

Caldwell, L. K. 1988. "Environmental Impact Analysis (EIA): Origins, Evolution, and Future Eirections. " *Rev Policy Res* 8 (1): 75 – 83.

Cole, B. L. , Fielding, J. E. 2008, Building Health Impact Assessment (HIA) Capacity: a Strategy for Congress and Government Agencies. Partnership for Prevention. http://www. prevent. org/data/files/initiatives/buildignhealthimpactassessmenthiacapacity. pdf. Accessed 18 June 2013.

Committee on Health Impact Assessment, National Research Council. 2011. *Improving Health in the United States: The Role of Health Impact Assessment.* The National Academies Press, Washington, DC.

D'Amour, R. , St. Pierre, L. et al. 2009. Discussion Workshop on Health Impact Assessment at the Level of Provincial Governments. National Collaborating Centre for Healthy Public Policy, Montreal. http://www. ncchpp. ca/docs/Interprovincial_Report_EN. pdf. Accessed 18 June 2013.

Dannenberg, A. L. , Bhatia, R. , Cole, B. L. et al. 2008. "Use of Health Impact Assessment in the U. S. : 27 Case Studies, 1999 – 2007. " *Am J Prev Med* 34 (3): 41 – 256.

European Centre for Health Policy. 1999. *Gothenburg Consensus Paper.* World Health Organization Regional Office for Europe, Brussels.

Harris-Roxas, B. , Viliani, F. , Harris, P. et al. 2012. "Health Impact Assessment: The State of the Art. " *Impact Assess Proj Appraisal* 30 (1): 43 – 52.

Humboldt State University Library. 2013. Website: Environmental Impact Assessment Reports. http://library. humboldt. edu/infoservices/FEIRsandEISs. htm. Accessed 18 June 2013.

Keon, W. J. , Pepin, L. 2009. *A Healthy, Productive Canada: A Determinant of Health Approach, Final Report of the Senate Subcommittee on Population Health.* Senate of Canada: Ottawa.

Mindell, J. , Boltong, A. , Forde, I. 2008. "A Review of Health Impact Assessment Frameworks. " *J Public Health* 122 (11): 1177 – 1187.

Ross, C. , Leone de Nie, K. , Barringer, J. et al. 2007. *Atlanta BeltLine Health Impact Assessment.* Center for Quality Growth and Regional Development, Georgia Institute of Technology, Atlanta.

Trust for America's Health. 2009. Prevention for a Healthier America: Investments in Disease Prevention Yield Significant Savings, Stronger Communities. http://healthyamericans. org/reports/prevention08/Prevention08. pdf. Accessed 18 June 2013.

World Health Organization. 2013. Health Policy. Website. http://www. who. int/topics/health_policy/en/. Accessed 18 June 2013.

第二章
公共健康和社区规划101

摘　要：　本章综合介绍了两个相关领域——公共健康与社区规划在历史和当前的做法。公共健康和社区规划有共同的历史根源，而且更多的人也逐渐认识到它们在理论和实践中的这种共同点。本章主要叙述了美国公共健康和社区规划的研究方法、研究设计、活动和结论等方面，重点阐述了现有的一些问题，并预测了未来会被研究和分析的新问题。本章中列出了一个关于肥胖和建筑环境的案例，凸显了城市规划和卫生的关系。同时，本章提出了为顺利开展 HIA 有效跨学科交流而进行研究和分析的五个主要问题，进而通过确定社区规划和公共健康的重要新兴方向得出 HIA 将在其中发挥直接影响的结论。①

关键词：　美国认证规划师研究所（AICPs）；美国规划协会（APA）；美国公共健康协会（APHA）；生物医学模型；病例对照研究；慢性疾病；气候变化；队列研究；疾病暴发；胚胎理论；《人类健康2020》；传染病；自然实验；非传染性疾病；肥胖；预防策略；公共健康基础设施；公共健康干预措施；随机对照试验（RCT）；卫生改革运动；可持续发展

---

① C. L. Ross et al., *Health Impact Assessment in the United States*, DOI 10. 1007/978 - 1 - 4614 - 7303 - 9_2, © Springer Science + Business Media New York 2014.

公共健康：简介

美国公共健康协会（APHA）将公共健康定义为："在群体内预防疾病和促进身体健康的方法，其覆盖范围从小社区到整个国家。"正如这个定义所指，健康不仅是指不生病，也包括社会和心理方面的健康。公共健康领域从业者通过制定以人为本的预防策略，致力于保护、促进和改善健康状况。

自人类文明产生以来，公共健康一直是极为重要的学科和实践活动。今天仍有许多社区公共健康倡议起源于数千年前的做法，例如下水道和公厕，而沼泽排水的发明可以追溯到古罗马。

随着该领域的发展，改善公共健康状况在很多方面成为发展和更高生活质量的代名词。20 世纪前，全世界的主要疾病问题是急性传染病，而公共健康工作就侧重于解决这些重大问题。然而，自 20 世纪 90 年代初以来，慢性病特别是非传染性疾病的占比越来越高，已成为当今世界最主要的死亡原因（World Health Organization，2012；Institute of Medicine，2003）。因此，公共健康领域也发生了重大转变，现在的预防措施主要集中在与慢性病有关的方面，如生活方式、行为、社会和环境。

公共健康的历史与演变

纵观历史，美国公共健康发展经历了四个阶段。第一阶段从 18 世纪初开始到 1850 年前后结束，主要表现为对抗疫情和大规模暴发的霍乱、天花、伤寒、结核病和黄热病等传染病。当时采取的措施往往是隔离患者或感染区域，直到疾病消退。

第二阶段是从 1850 年至 1949 年。在此期间，欧洲对其他地区的影响表现在引领公共健康发展基础设施，并从国家层面对疾病暴发做出反应，其影响来源包括埃德温·查德威克于 1837 年发表的《英国劳动人口卫生条件调查报告》和约翰·斯诺使用地图绘制技术来展示霍乱与伦敦部分水源的关系。在这一阶段，为发展健康事业，国家和地方卫生部门得以发展，政府运用了税收、商业管理和调控等方面的权力。为实现这些进步，公共安全部门承担起卫生、传染病防控、教育群众注意个人卫生以及预防和诊断疾病等职责。

从 1950 年至 1999 年为第三阶段，公共健康基础设施和公共健康领域的从业人数有所上升。在某种程度上，这是自 20 世纪 30 年代起社会接受政府为有需求的人提供医疗服务的结果。这个时期也出现了社会动荡、种族暴动以及认为城市是毒瘤的观点。联邦政府被视为解决城乡问题的主要的服务输出方，因为地方政府无法调配大规模资源来解决这些问题。

当前处于第四个阶段，公共健康面临的一个最重要的问题，是如何为一个财富不断增长和种族收入差距不断扩大的国家提供足够的健康服务。社会底层和被剥夺政治权利的人口（无论是实际意义上的或是大众所认为的）是公共健康面临的重大挑战。结果可以在全球健康排名中看到：尽管美国用于公共健康的支出占国内生产总值（GDP）的比重比其他国家都要高，但美国在 191 个国家中仅仅排第 37 位（Murray and Frenk，2010）。这种失败的部分原因是美国把高成本的医疗过程和医疗服务供给系统作为基础，而不是注重预防或"保健"。因此，在公共健康方面，人们的理念正从主要依赖医疗的角度转移到利用周围环境监测社会、经济和物质的变化上来。

《人类健康 2020》

如上所述，公共健康的范围不仅包括生物医学成果，还包括影响这些成果的社会、经济、环境和基础设施等"决定因素"。为证明这一点，美国卫生部发布了《人类健康 2020》，为全国设定了一个到 2020 年实现的预防疾病和促进健康的整体目标。它在改善健康状况、预防疾病、节省紧缺资源、提高生活质量方面取得了成功。《人类健康 2020》的总体目标是：

（1）获得高质量、长时间的生命，远离可预防的疾病、残疾、伤害和过早死亡；

（2）实现健康平等，消除差距，促进人人健康；

（3）创造人人健康的社会和物质环境；

（4）提高生活质量，健康发展，健康生活。

为了实现这些目标，该文件确定了 42 个具体的公共健康改善领域（见框 2.1）。这些目标涵盖疾病、预防、健康促进和应急等领域。

框 2.1　《人类健康 2020》公共健康改善领域	
1. 卫生服务机会	22. 艾滋病
2. 青少年健康	23. 免疫系统疾病和感染
3. 关节炎、骨质疏松症和慢性病	24. 暴力伤害预防
4. 血液疾病和血液安全	25. 女同性恋、男同性恋、双性恋、变性人健康
5. 癌症	26. 孕产妇、婴儿和儿童健康
6. 慢性肾病	27. 医疗产品安全
7. 痴呆症，包括阿尔茨海默病	28. 心理健康和精神障碍
8. 糖尿病	29. 营养和体重状况
9. 残疾与健康	30. 职业安全与卫生
10. 幼儿健康	31. 老年健康
11. 教育和社区规划	32. 口腔健康
12. 环境卫生	33. 体育活动
13. 计划生育	34. 应急准备
14. 食品安全	35. 公共健康基础设施
15. 基因组学	36. 呼吸系统疾病
16. 全球卫生	37. 性传播疾病
17. 健康传播与健康信息技术	38. 睡眠健康
18. 医疗相关感染	39. 健康的社会决定因素
19. 与健康相关的生活质量和福利	40. 物资滥用
20. 听觉和其他感官错乱	41. 烟草使用
21. 心脏病和中风	42. 愿景

公共健康基础设施

目前，美国的公共健康基础设施由提供基本公共健康服务的政府和非政府组织组成。医疗机构、医院、非营利机构、学校、宗教组织和企业等服务提供者都是社区公共健康不可或缺的组成部分。从促进当地卫生部门接种疫苗到向国会提供卫生立法建议，都少不了公共健康从业人员的参与。

卫生保健从业人员和州与地方卫生机构是公共健康领域最为活跃的行动者，但是，该领域也有大量利益相关方。联邦政府通过疾病预防和控制中心（CDC）的工作，在公共健康活动中发挥重要作用，承担公共健康的主要责任，管理个人从业者，为提升健康水平提供经济激励并抑制风险。

社区经常参与公众和基层倡议活动。企业也成为社区的赞助者、资金来源方以及雇主。媒体越来越多地在公共健康方面发挥重要作用——教育公众，将公民与其他经济实体联系在一起。作为世界上最古老和最大的公共健康从业者组织，APHA 在这个领域发挥着领导作用。公共健康大学联盟（ASPH）的学术机构也是该领域的核心，向五个关键领域的工作人员提供实证和培训，涉及生物统计学、环境健康学、流行病学、卫生政策和管理、社会行为学等（见表 2.1）。

表 2.1　公共健康核心竞争力学科（改编自 Calhoun et al.，2008）

学科	定义
生物统计学	统计推理和分析方法在公共健康、保健、生物医学、临床和人口研究领域的应用和发展
环境健康学	环境因素研究，包括影响社区健康的生物、物理和化学因素
流行病学	研究人群中疾病和伤害的模式，以及本研究应用于健康问题的控制
卫生政策和管理	这是关于个体和群体保健服务的提供、质量和成本的跨学科调查和实践。其中对卫生服务的结构、过程和结果（包括成本、融资、组织、成果和可获得性）既有管理上的考虑，又有政策上的考虑
社会行为学	研究与个人科学有关的行为、社会和文化因素以及人口健康与健康差异。这一领域的研究和实践有助于公共健康和卫生服务方案与政策的发展、管理和评估，以维持和促进个体和群体的健康环境和健康生活

公共健康研究设计

公共健康研究有三个主要阶段：监测、描述性研究和分析性研究。监测是指收集、记录、分析、解释和传播的数据，以此确定或概述特定社区或人口的当前健康状况。监测活动可能关注生命统计（如出生、死亡、胎儿死亡）、特定疾病（如 H1N1 流感或艾滋病毒感染）、效应（如风险和发病率、差异和比例）和归因分值。监测活动尝试收集所有人口的信息，而不仅仅是获取代表性样本的信息，这些活动通常由政府机构或其他有权保护人口健康和福利的组织发起。

描述性研究描述了在特定时间点的人群疾病模式或其他现有的健康状况衡量标准，例如，2011 年佐治亚州的肥胖症。描述性研究有三个主要类型：生态学研究、病例系统研究和横断面研究。生态学研究可揭示不同群体的差异，如美国与法国相比，或德州与加州相比的糖尿病发病率。病例系列研究由多个患者的病例报告组成。例如，一项病例系统研究可用于描述 100 例"新型"疾病住院病人的病例报告。横断面研究在特定时间内从指定群体中选择有代表性的个体并收集他们的信息，得出符合整个群体特征的结果。例如，横断面研究可以在马萨诸塞州调查 1000 人的体重和食用油炸食品的情况，其结果可能代表所有马萨诸塞州居民。描述性研究在形成假设或为政策与计划的制定提供信息方面应用十分广泛。然而，它们无法证明是否接触与诊断结果（例如油炸食品和超重）之间的因果关系。

分析性研究是用于衡量研究成果间的因果关系的。分析性研究包括队列研究、病例对照研究和随机对照实验（RCT）。队列研究指跟踪多组个体数据，包括暴露或非暴露两类群体，随着时间的推移，回顾性或双向性地评估所产生的多种结局和可能。病例对照研究选择研究对象时基于其是否已有诊断结果（如肺癌），回顾以往的暴露因素，以评估可能导致疾病发生的因素。随机对照试验被认为是临床研究的"黄金标准"。在随机对照试验中，随机分配参数（如使用特定药物或戒烟者），由研究人员进行研究并根据不同群体得出不同结果（如肿瘤减少或戒烟成功）。分析性研究可以帮助确定暴露和诊断结果之间的关联性，然而，这种研究非常昂贵且耗时较多，同时其结果的普适性也有限。

除了这些研究类型，公共健康从业人员偶尔会进行自然实验。自然实验经常被称为环境和健康结合的新兴实验。与队列研究不同的是，自然实验对实验组的分配是自然产生而不是由研究人员决定。两个著名的自然实验示例是：约翰·斯诺在 1854 年发现的被霍乱病毒污染的伦敦布罗德大街水泵分布 (Snow, 1860)，泰勒观察到的城市待开发用地对儿童自律的影响 (Taylor et al. , 2002)。两个研究的调查群体都是由伦敦或芝加哥公共住房机构随机选择的普通住户，因此可以分别对霍乱诊断结果和儿童行为进行比较。

社区规划：简介

美国规划协会 (APA) 将规划定义为一个"致力于通过为后代创造更方便、更公平、更健康、更高效和更有吸引力的地方来改善人民群众福利的动态行业"。规划者与政府和公众密切合作，帮助社区制订长期的发展和变革计划。规划者客观地向社区提供建议，说明如何最好地利用土地以及自然和文化资源来解决社区所面临的问题。规划的产出成果通常包括土地使用计划、基础设施建设计划以及交通运输计划等。除了监管和财务发展战略之外，规划建议或多或少会影响规划决策的制定。

如表 2.2 所示，规划行业的常用领域包括土地利用规划、环境规划、经济发展规划、交通规划、住房规划、社会和社区规划。规划者在从社区到城市、县、州和地区等不同层面工作。

表 2.2　规划专业定义 (改编自 Association of Collegiate Schools of Planning，2013)

专业	定义
土地利用规划	土地利用规划是最传统的规划。规划人员可以从事一系列的工作，包括鼓励或抑制经济增长、制订长期的综合性计划、制定或管理当地法规以及评估住宅或商业开发计划书可能带来的影响，并提出建议
环境规划	环境规划侧重于加强物质环境保护，尽量减少发展带来的不利影响，包括解决科学和技术问题、制定排污方案、制定保护和管理自然资源的政策和方案等
经济发展规划	经济发展规划重点是通过支持社区家庭的经济活动来改善社区或地域规划。这些行动包括制订计划、寻找融资渠道、为吸引新产业扫清监管和其他障碍、增强社区功能 (如旅游或娱乐) 或保留现有业务
交通规划	交通规划有助于解决当地以及跨地区的家庭和企业当前和未来的交通需求，包括对运输需求的技术分析，解决异地交通不便造成的社会和经济问题，并着重关注具体交通方式 (自行车、公共交通等)

续表

专业	定义
住房规划	住房规划侧重于改善低收入阶层或弱势群体的经济适用住房供应和扩大自购房规模的问题。混合利用和混合收入发展往往十分有效
社会和社区规划	社会和社区规划的重点是改善困难社区的全面发展规划，以提高整体生活质量。这需要结合其他规划专业领域的技能，并与住房、土地利用和交通规划相结合。这可能包括改善跨境服务或在低收入社区提供更好的公共健康设施

美国规划协会（APA）/美国认证规划师协会（AICP）2010 年规划师薪资调查显示，70% 的规划人员在公共机构工作，23% 的在私人咨询公司工作。美国劳工部劳动统计局（BLS）发现，地方政府雇用了约 66% 的城市和区域规划人员。BLS 还指出 2008～2018 年的就业增长率为 19%，据称已高于平均水平。如此旺盛的势头是为了应对城市化进程的快速发展及城市和地区在交通、环境、住房、就业和土地利用方面将面临的压力。

21 世纪最重要的两个挑战是：（1）全球化和经济危机；（2）气候变化。这使规划者处于追求可持续发展世界目标的前沿。全球化导致了经济竞争，在美国，这意味着几个传统行业的衰落，包括制造业和信息技术服务业。结果就是一些城市（如底特律、匹兹堡）的人口逐渐减少，而越来越多的规划者呼吁振兴这些老社区。经济危机最严重的后果之一是住房市场崩溃，造成抵押赎回的局面。因此，规划人员被委以重任，人们期望通过他们的专业知识来引导房地产市场的复苏，并扭转经济发展趋势。

气候变化是越来越多的规划者得以发挥其专长的另一个领域。他们提出明智的经济增长原则，对城郊扩建和其他资源消耗性土地利用模式等助长温室气体排放并造成公共健康二次分配的问题提出解决方案。其他新兴领域包括对城市热岛效应和其他气候现象的研究，这些现象也可能是由城市规划不当所引起的。

最后，当今的几个关键规划问题都属于可持续发展的范畴。围绕公平的环境、经济和社会层面的体制均衡，可持续发展的规划代表着另一种综合规划方法。围绕环境伦理，可持续发展的主题可能是统一的实质性和规范性的目标，为今天和未来的城市规划提供信息。

规划的历史与演变

过去，规划一直属于公共事业。规划专业在 20 世纪 "肮脏和政治腐败" 的新兴工业城市诞生了 (Klosterman，1996)。与公共健康一样，规划行业随着美国社会的发展，经历了几个不同的阶段。合理的规划，或者说整体或全面的规划在 20 世纪 30 年代出现，并在该世纪上半叶占主导地位。它采取了最适合决策和资源配置的规划模式，它发源于芝加哥大学社会学、城市环境学与政治学。自那以后，理性规划模式饱受诟病。20 世纪 60 年代，它被视为社会不公正现象发生的缘由，而这些现象，即使在现今社会也仍然存在。以 "市容美化" 为借口拆迁低收入居民社区及改建居民的安置房产，将加剧贫穷与犯罪。对土地的盲目开发及目前的环境不公都应归咎于分散规划，即理性规划的一种。目前，强调公众参与、注重沟通的规划模式将土地规划转变为一种更民主的审议和谈判进程。未来的规划过程将建立在更具包容性、更为集体所理解的多元社会基础上。

当代规划涉及问题识别和目标设定、信息收集和分析、替代方案的设计和综合等 (Malizia，2005)。这个过程通常需要广泛的公众参与和社区审批，以提高社区购买力，获得宪法支持，并鼓励更多可持续的社区发展方案。

社区规划与公共健康之间的历史联系

城市规划专业植根于 19 世纪的疾病医学理论和对美丽景观的追求理念。疾病被认为是由某些致病性社会因素（犯罪、道德 "松懈"）和环境因素（工业化、住房条件差、卫生条件差、沼泽、墓地）引起的。卫生改革运动标志着城市规划与公共健康的第一次正式合作，其从观念和方法两个角度出发。住房改革、城市公园、农村公墓迁移运动、划区以及后来的 "美丽城市运动" 都代表着公共健康问题在物质条件上的干预 (Corburn，2007；Duhl and Sanchez，1999)。

细菌理论在 20 世纪初重新界定了疾病的起源。该理论证实了微生物引起疾病之后，针对性免疫和其他生物医学模型的公共健康范式开始产生。这些生物医学模型也引起了城市规划与公共健康之间的分歧，以及致病原因到底是社会原因还是生物原因的分歧（Corburn，2007；Duhl and Sanchez，1999）。城市规划仍然在一些领域间接地对促进公共健康发挥着作用，如社区和环境安全（建筑规范、道路设计、污染控制）、区号分配（建筑物障碍和采光高度限制）及卫生和基础设施规划等领域。

> 健康是指身体、精神和社会福利的完整统一状态，而不仅仅是无病无痛。享受最高的健康水平是每个人的基本权利之一，不分种族、宗教、政治信仰或经济和社会状况。（World Health Organization，1948）

世界卫生组织提出的健康新定义以及生态社会流行病学①的复苏，预示了健康与社会、文化和物质环境之间的重新联系。由于生物医学模型无法在完全排除社会因素的前提下解释疾病和死亡的产生，故现存的健康和疾病概念②值得我们重新考虑。对生物医学模式的局限性以及健康可能受到社会、环境和经济因素影响的认知，使追求健康成为一项跨学科的事业。

公共健康和城市规划在 20 世纪 20 年代分道扬镳，但研究人员的研究（Kochtitzky et al.，2006）表示，两个专业的重新融合无论是在学术上（Botchwey et al.，2009）还是在业界，都是显而易见的。他们的研究结果表明，《美国公共健康杂志》（AJPH）和《美国医学协会杂志》（JAMA）等公共健康和医学期刊中，有 50 篇引用/阅读率最高的文章，其中有几篇文章同时涉及城市规划和公共健康。主题包括社会资本、住房对健康的影响以及社区对健康的影响等。其他包括交通规划和空气质量改善、城市扩张与健康以及鼓励运动以降低肥胖率。疾病预防和控制中心和其他公共健康机构也已经开始雇用规划人员来打造一种更好的公共健康治理方法。

重视公共健康与城市规划相结合，是人体身心合一的体现。将身体作为

---

① 生态社会流行病学最早由 Nancy Krieger 于 1994 年提出，并"充分接受疾病的社会生产观点，同时旨在引入相对丰富的生物和生态分析"（Krieger，2001）。

② 公共卫生中的非特异性免疫阶段（1980 年至今）反映了自杀和犯罪等导致死亡的原因，这些原因不属于传统疾病因果关系的范畴（Duhl and Sanchez，1999）。

物质和社会心理的融合物，将我们的健康理解为"疾病暴露、人体敏感度和抵抗力之间的持续而日渐激烈的博弈"，所有这些都发生在建筑环境中（Corburn，2004）。① 社会生态模式将健康定义为多学科和多层次的努力，联结个体健康和群体健康（复杂性理论的基本原理是整体大于部分的总和）②，并将健康置于"空间"之内，解释群体健康的分布状况。

公共健康的社会生态模式鼓励多学科研究，并从心理学、人类学、城市规划、社会工作、工程、精神病学、护理、教育、刑事司法、流行病学和公共健康等领域进行多种多样的研究（Lounsbury and Mitchell，2009）。文献中反复出现的一个主题是基于建筑环境元素（如土地利用、步行情况和绿色空间）的肥胖症研究（见框2.2）。

框2.2   肥胖与环境：公共健康与城市规划之间的联系

对肥胖和建筑环境相关性的研究为当今公共健康与城市规划的关系提供了一个有趣的示例。

超重和肥胖可能是目前人类面临的最严重的健康问题。儿童肥胖率在过去30年里增加了两倍。它被称为"当代最严重和最不受控制的公共健康威胁"（Hammond and Levine，2010）。现在，三分之二的美国人超重，超过三分之一的美国成年人是肥胖的（见图2.1）。

过去25年来，肥胖指数增长对公共健康产生了显著影响，因为肥胖是一个主要的致病因素，如高血压、2型糖尿病、某些癌症、关节炎、心脏病以及早夭等（Flegal et al.，2010；Ogden et al.，2007）。

---

① 生态系统理论是研究人类发展的一种语境方法，由 UrieBronfenbrenner 于20世纪70年代提出。他将个体置于四个层次嵌套系统中：微系统（例如儿童的家或教室）、中间系统（两个相互作用的微系统，例如家庭对教室的影响）、外部系统（间接影响发展的外部环境，例如母亲的工作地点）、宏观系统（更大的社会经济文化背景）。通过将社会生态系统的概念应用于健康，我们可以推断健康可以是个体作为主体与周围环境之间的持续互动和相互影响所产生的状态。

② Arah（2009）讨论了在流行病学生物医学模型中，在个体健康和人口健康之间进行的推断不准确。生物医学模型不能解释复杂的社会和环境网络中个体的累积健康效应与人口健康之间的动态关系。社会生态模型通过试图理解这些联系提供了一种替代方法。

肥胖率急剧上升且无法控制的原因仍很复杂。这在一定程度上是由遗传学、神经生物学、心理学、家庭、社会环境、物理环境、经济市场、经济学和公共政策等多重因素所造成的（Ogden et al., 2007）。然而，建筑环境的作用和人们的行为方式似乎是至关重要的。美国疾病预防和控制中心表示，美国已经成为一个"肥胖的"国家，这个国家已经建立在容易使人们肥胖的构成因素上了。

图 2.1 1985～2010 年美国肥胖症患者的地理分布情况（CDC，2012）（略）①

Feng 等人（2010）综述了 63 项关于建筑环境和肥胖的研究报告，确定了运动潜能、土地利用/交通规划和食物环境等因素是影响肥胖的主要建筑环境因素。

运动潜能 建筑环境包括可以增强或减少运动可能性的因素，包括个人障碍和环境障碍。个人障碍是主观因素，是影响个人参加锻炼的能力和动机，如缺乏时间、残疾和缺乏支持等。环境障碍是阻碍体育锻炼的客观条件，如缺乏基础设施、人行道、自行车道，车辆与行人之间的不安全距离、障碍物及缺乏运动相关设施等。

土地使用/交通规划 指城市、城镇或区域的组织方式，包括密度、扩建和交通便利性等因素，通常通过分区规则进行管理。建筑物密度低或城市扩建通常会降低步行和骑车率，增加汽车依赖性。这些反过来造成了运动量减少和超重率上升（Frank et al., 2004）。此外，汽车使用率的上升导致人均排放的挥发性有机化合物（VOCs）和其他污染物增加，降低了空气质量，加大了呼吸道和心血管疾病风险，从而造成身体机能障碍（Frank et al., 2006；Lopez-Zetina et al., 2006；Frank et al., 2007；Samimi et al., 2009）。

---

① 体重指数大于或等于 30，即为超重。根据美国疾控预防控制中心（CDC）行为风险因素监控系统（BRFSS）中对于美国成人肥胖趋势监测的数据，2010 年，美国各州居民体重指数均在 20% 以上，有大约 10 个州超过 30%。图 2.1 略。（数据来源：https://www.cdc.gov/brfss/gis/gis_maps.htm）——译者注。

食物环境　是指特定区域的食物选择、质量、健康和可及性。食物环境的细节对健康有很大的影响，特别是肥胖/超重、冠心病和其他慢性疾病。现有文献中，确定了不健康的生活方式和快餐店（Li et al.，2009）以及便利店（Morland et al.，2006）之间的联系。食物环境中的各种干预措施都是有效的，包括引进农产品市场（Larsen and Gilliland，2009）。食物环境中的相互作用非常复杂，例如，研究发现，在一个大型超市进驻社区的时候，虽然水果和蔬菜的消费量并没有增加，但对社区的心理健康有积极影响（Cummins et al.，2005）。最近，低收入社区和健康食品选择不佳的地区被称为"食物沙漠"。有些人已经开始批评这个现象，提倡以新的方式对待食物环境不平等，例如新兴的想法"食物腹地"（Leete et al.，2012）。

现有解决肥胖问题的干预措施

如上所述，研究确定了建筑环境影响个人行为，如运动水平和饮食选择等因素。建筑环境中的干预因素，为改善健康生活方式和社会环境提供了人口战略。人口一级的预防性干预措施可以将肥胖和非肥胖人群的健康福利扩大，并进一步降低肥胖率（Flegal et al.，2010）。

基于形式的干预措施　为更健康的社区提供基于形式的干预措施，倡导构建更为密集、多用途的环境和网格化街道，以实现更好的互联互通性。如，传统社区发展（TND）、过渡导向发展（TOD）、新城市规划和横切面规划。

基于政策的干预措施　基于经济政策的干预措施包括联邦和州的资助，促进智能增长以及提高公共交通的质量和便捷性，包括奥巴马政府的《可持续社区经济管理伙伴关系倡议》[①] 增长管理（反扩建）以及环境影响评估（EIA）和 HIA 方法。

[①]　一个有希望的政策倡议环境保护署（EPA）、住房和城市发展部（HUD）和交通部（DOT）之间的伙伴关系，由七项宜居性原则指导：提供更多交通选择、促进公平、负担得起的住房、经济竞争力、支持现有社区、协调和利用投资、重视社区和社区（EPA-HUD-DOT，2010）。

为解决当前面临的环境和健康问题，社区规划和公共健康领域需要加强跨学科合作。HIA 是合作创建健康社区的有效手段。各类研究和分析中提到，以下五个主要问题需要密切关注，以便顺利开展跨学科的公共健康工作。

（1）**城市形态和健康状况之间的联系尚不明确**　Lopez-Zetina 等人（2006）指出：“生态学研究只是为与城市环境相关的复杂因素之间的联系提供建议，而非明确的答案。”例如，所有评估肥胖与环境属性相关性的研究都不能明确二者的因果关系，而建筑环境对身体 BMI 指数的影响也不清楚。

（2）**测量和建模环境的不一致使得研究成果难以解释**　已有的环境指标数量庞大，从单一参数（如密度）到综合参数（如扩建指数）等。统计也从各种数据源和计算方法中应运而生。标准化指标、环境属性和规模将有助于更好地揭示建筑环境和肥胖之间的联系，并提高研究之间的可比性（Feng et al. , 2010）。

（3）**模型倾向于测量量化指标**　模型中包含的变量通常受到数据可用性的限制。通常，诸如公园或人行道的便捷度以及类似气候、地形和犯罪等质性指标都被排除在模型之外，还有一些重要的健康指标（如生活质量和心理健康等）也被排除在外。大多数模型也不考虑个体对运动和饮食的偏好（Ewing et al. , 2003）。

（4）**更好地了解空间**　空间和地点是政治力量可以衡量的文化构成要素。Feng 等人（2010）指出，公共健康和地方规划两者关系中最大的挑战是使用“行政定义的空间单位却限制它的其他用途”。这些空间单位包括县城、人口普查区和地段等。因此，未来的研究需要更加具体地描述地方的定义和背景，进而对无关的事少作解释。

（5）**需要更多的纵向研究**　大多数关于公共健康和地方规划方面的研究是在一个确定的时间点进行横断面研究的。现在，我们需要进行更多的纵向研究，例如，检查土地利用变化，以及肥胖患病率随着时间推移的相应变化。此外，还需要更多的准实验研究设计，例如研究政策（分区规定）或项目（智能增长、人行道建设）对运动和肥胖影响的前后测试方法。

社区规划和公共健康也有三个新兴方向。这些涉及美国人口的重大变化已经在改变我们的生活方式，如当地组织在促进健康方面的作用、我们获取食物的途径以及提倡步行的同时减少行人受伤的要求。

（1） **老龄化、健康状况和建筑环境** 美国的城市正在处理不断加重的人口老龄化问题。公共健康，特别是环境健康，以最弱势群体（儿童）为基础设定环境毒素的临界值。同样，可持续性城市也需要容纳最脆弱的人口（老年人、儿童、残障人士等）。社区正在采用通用设计原则，为所有健康状况和健全程度不同的居民提供平等的公共健康服务。"社区养老"是目前新兴的类似智能增长、新城市化和重建原则的另一个重要概念。其目标是创造多世代同堂社区，为家庭不同年龄段的人群提供适当的生活环境。

（2） **医院、教会和社区卫生机构等在促进社区健康方面的作用** 地方、州和联邦层面的规划过程越来越需要公民参与到决策中。另外，公民的意见对于规划指导、建议和实施，特别是弱势群体的参与越来越重要。遗憾的是，参与度最低的公民，通常是低收入者和少数民族，他们几乎无法影响这些规划的进程。教会、学校和社区组织等地方机构最有能力代表这些社区发言（Martin et al. ， 2004），它们就是这些在政治、社会和经济上被剥夺权利的居民的发言人。因此，它们了解弱势群体的需求，同时发出了宝贵的声音来影响干预措施（Botchwey，2007）。

（3） **食物获取、土地利用和社会经济因素** 研究发现，肥胖率与食物的获取直接相关。低收入和少数民族社区在超市和连锁杂货商店中获取优质食品的渠道相对较窄，这些社区的快餐店数量较多。目前的城市规划将居民按照收入和种族隔离开来，这使一部分人更难获取健康食物。亚特兰大的 HIA 案例就为此提供了实证：不平等的营养食物获取渠道会导致健康差异的产生（Ross et al. ， 2012）。

作为两个不同学科，公共健康和社区规划有不同的历史发展过程，却出现了类似的问题。社会规划与公共健康的关系再次被提起，并且这两个领域的跨学科研究也出现了复兴，这些都引发了针对如何更好地应对当前挑战的讨论。"社区养老"和健康食品等新兴领域需要社区规划和公共健康两个方面专业人士的参与及合作，以求获得积极的成果。这两个领域可以互相借鉴，随着日益加快的人口变化，这两大领域的成功都将越来越倚重于跨学科合作的能力。

参考文献

Arah, O. A. 2009. "On the Relationship Between Individual and Population Health." *Med Health Care Philos* 12 (3): 235 – 244.

Association of Collegiate Schools of Planning. 2013. *Guide to Undergraduate and Graduate Education in Urban and Regional Planning*, 19th ed. Tallahassee, Florida.

Botchwey, N. 2007. "Religious Sector's Presence in Local Community Development." *J Plan Educ Res* 27 (1): 36 – 48.

Botchwey, N., Hobson, S., Dannenberg, A. et al. 2009. "A Model Curriculum for a Course on the Built Environment and Public Health: Training for an Interdisciplinary Workforce." *Am J Prev Med* 36 (Supp 2): S63 – S71.

Calhoun, J. G., Ramiah, K., McGean, Weist E., Shortell, S. M. 2008. "Development of a Core Competency Model for the Master of Public Health Degree." *Am J Pub Health* 98 (9): 1598 – 1607.

Centers for Disease Control (CDC). 2012. Overweight and Obesity. http://www.cdc.gov/obesity/data/adult.html. Accessed 16 July 2013.

Corburn, J. 2004. "Confronting the Challenges in Reconnecting Urban Planning and Public Health." *Am J Public Health* 94 (4): 541 – 549.

Corburn, J. 2007. "Reconnecting with our Roots." *Urb Aff Rev* 42 (5): 688 – 713.

Cummins, S., Petticrew, M., Higgins, C., Findlay, A., Sparks, L. 2005. "Large-Scale Food Retailing as an Intervention for Diet and Health: Quasi-Experimental Evaluation of a Natural Experiment." *J Epidemiol Comm H* 59: 1035 – 1040.

Duhl, L. J., Sanchez, A. K. 1999. *Healthy Cities and the City Planning Process: A Background Document on Links Between Health and Urban Planning*. World Health Organization Regional Office for Europe, Denmark.

EPA-HUD-DOT. 2010. Partnership for Sustainable Communities. http://www. whitehouse. gov/ sites/default/files/uploads/SCP-Fact-Sheet. pdf. Accessed 18 June 2013.

Ewing, R. , Schmid, T. , Killingsworth, R. et al. 2003. "Relationship Between Urban Sprawl and Physical Activity, Obesity and Morbidity. " *Am J Health Promot* 18 (1): 47 – 57.

Feng, J. , Glass, T. A. , Curreiro, F. C. et al. 2010. "The Built Environment and Obesity: A Systematic Review of the Epidemiologic Evidence. " *Health Place* 16 (2): 175 – 190.

Flegal, K. M. , Carroll, M. D. , Ogden, C. L. et al. 2010. "Prevalence and Trends in Obesity Among us Adults, 1999 – 2008. " *JAMA* 303 (3): 235 – 241.

Frank, L. , Andersen, M. A. , Schmid, T. M. 2004. "Obesity Relationships with Community Design, Physical Activity and Time Spent in Cars. " *Am J Prev Med* 27 (2): 87 – 96.

Frank, L. , Sallis, J. F. , Conway, T. L. et al. 2006. "Associations Between Neighborhood Walkability and Active Transportation, Body Mass Index, and Air Quality. " *J Am Plann Assoc* 72 (1): 75 – 87.

Frank, L. , Saelens, B. E. , Powell, K. E. , Chapman, J. E. 2007. "Stepping Towards Causation: Do Built Environments or Neighborhood Travel Preferences Explain Physical Activity, Driving, and Obesity. " *Soc Sci Med* 65 (9): 1898 – 1914.

Hammond, R. A. , Levine, R. 2010. "The Economic Impact of Obesity in the United States. " *Diabetes Metab Syndr Obes* 3: 285 – 295.

HealthyPeople. gov. 2013. 2020 Topics & Objectives—Objectives A-Z. http://www. healthypeople. gov/2020/topicsobjectives2020/default. aspx. Accessed 11 May 2012.

Institute of Medicine. 2003. *The Future of the Public's Health in the 21st Century*. National Academies Press, Washington, DC.

Klosterman, R. E. 1996. "Arguments for and Against Planning. " In: Campbell, S. , Fainstein, S. S. (eds.) *Readings in Planning Theory*. Blackwell, Malden, pp. 86 – 101.

Kochtitzky, C. S. , Frumkin, H. , Rodriguez, R. et al. 2006. "Urban Planning and Public Health at CDC. " *Morb Mortal Wkly Rep* 55 (2): 34 – 38.

Krieger, N. 2001. "Theories for Social Epidemiology in the 21st Century: An Ecosocial Perspective. " *Int J Epidemiol* 30 (4): 668 – 677.

Larsen, K. , Gilliland, J. 2009. "A Farmer's Market in a Food Desert: Evaluating Impacts on the Price and Availability of Healthy Food. " *Health Place* 15 (4): 1158 – 1162.

Leete, L. , Bania, N. , Sparks-Ibanga, A. 2012. "Congruence and Coverage: Alternative Approaches to Identifying Urban Food Deserts and Food Hinterlands." *J Plan Educ Res* 32: 204 – 218.

Li, F. , Harmer, P. , Cardinal, P. , Bosworth, M. , Johnson-Shelton, D. 2009. "Obesity and the Built Environment: Does the Density of Neighborhood Fast-Food Outlets Matter?" *Am J Health Promot* 23 (3): 203 – 209.

Lopez-Zetina, J. , Lee, H. , Friis, R. 2006. "The Link Between Obesity and the Built Environment. Evidence from an Ecological Analysis of Obesity and Vehicle Miles of Travel in California." *Health Place* 12 (4): 656 – 664.

Lounsbury, D. W. , Mitchell, S. G. 2009. "Introduction to Special Issue on Social Ecological Approaches to Community Health Research and Action." *Am J Commun Psychol* 44 (3 – 4): 213 – 220.

Malizia, E. E. 2005. "City and Regional Planning: A Primer for Public Health Officials." *Am J Health Promot* 19 (5): Suppl 1 – 13.

Martin, M. , Leonard, A. M. , Allen, S. et al. 2004. "Commentary: Using Culturally Competent Strategies to Improve Traffic Safety in the Black Community." *Ann Emerg Med* 44 (4): 414 – 418.

Morland, K. , Diez, Roux A. , Wing, S. 2006. "Supermarkets, Other Food Stores, and Obesity: The Atherosclerosis Risk in Communities Study." *Am J Prev Med* 30 (4): 333 – 339.

Murray, C. J. , Frenk, J. 2010. "Ranking 37th-Measuring the Performance of the U. S. Health Care System." *N Engl J Med* 362: 98 – 99.

Ogden, C. L. , Yanovski, S. Z. , Carroll, M. D. et al. 2007. "The Epidemiology of Obesity." *Gastroenterology* 132 (6): 2087 – 2102.

Ross, C. , Leone de Nie, K. , Dannenberg, A. et al. 2012. "Health Impact Assessment of the Atlanta Belt-Line." *Am J Prev Med* 42 (3): 203 – 213.

Samimi, A. , Mohammadian, A. , Madanizadeh, S. 2009. "Effects of Transportation and Built Environment on General Health and Obesity." *Transport Res D* 14 (1): 67 – 71.

Snow, J. 1860. *On the Mode of Communication of Cholera*, 2nd ed. John Churchill. Facsimile of 1936 reprinted edition by Hafner, New York, 1965, London.

Taylor, A. F. , Kuo, F. E. , Sullivan, W. C. 2002. "Views of Nature and Self-Discipline:

Evidence from Inner City Children. ” *J Environ Psychol* 22：49 – 63.

World Health Organization. 1948. Preamble to the *Constitution of the World Health Organization* as Adopted by the International Health Conference, New York, 19 – 22 June, 1946; signed on 22 July 1946 by the representatives of 61 States (Official Records of the World Health Organization, No. 2, p. 100) and entered into force on 7 April 1948.

World Health Organization. 2012. *A Comprehensive Global Monitoring Framework Including Indicators and a Set of Voluntary Global Targets for the Prevention and Control of Noncommunicable Diseases.* World Health Organization, Geneva.

第三章
HIA、EIA、SIA 及其他评估方式

摘　要： 本章将在美国和全球影响评估过程的历史发展背景下探讨健康影响评估（HIA）。首先，本章对影响评估类型的最大种类范围进行了汇总和对比：环境影响评估（EIA）、社会影响评估（SIA）和 HIA。突出了它们之间的相似之处和主要专题差异，还讨论了 EIA 与 HIA 之间的关系，介绍了美国 EIA 的法律标准并强调了通过 HIA 和 SIA 弥补 EIA 的缺陷。此外，本章还列出了其他影响评估类型，包括综合评估和战略环境评估。本章将 HIA 与其他健康研究类型进行对比，其中包括人体健康风险评估、职业健康风险评估、流行病学研究、健康计划评估和成本效益分析，这些研究类型可能与 HIA 看似雷同，实则大不相同。本章强调了 HIA 为多样化的影响评估和健康研究方法所做出的独特贡献。[①]

关键词： 国际影响评估协会（IAIA）；影响评估；社会影响评估（SIA）；环境影响评估（EIA）；健康影响评估（HIA）；综合评估（IA）；《国家环境政策法案》（NEPA）；生态系统功能；污染物；环境质量委员会；战略环境评估；人体健康风险评估；职业健康风险评估；流行病学研究；健康计划评估；成本效益分析（CBA）

---

① C. L. Ross et al. , *Health Impact Assessment in the United States*, DOI 10. 1007/978 – 1 – 4614 – 7303 – 9_3, © Springer Science + Business Media New York 2014.

健康影响评估（HIA）的发展背景包括大量补充性评估类型，用于了解项目、计划或政策，或用于健康研究。在本章中，我们将讨论两个相关的种类：影响评估和健康评估。

影响评估

影响评估是专门用于确定当前或拟议行动可能导致的后果或影响的评估。国际影响评估协会将影响评估定义为"在提案仍有机会修改（甚至酌情放弃）的情况下考虑拟议行动对人与环境影响的结构化过程"和"应用于从政策到具体项目的所有决策层面"（IAIA，2012）。影响评估与许多其他类型的评估不同，因为它力图对未来的影响进行预测，而不是评估已实施政策或计划的影响。

EIA、SIA 和 HIA

所有影响评估模式或类型都有一个共同目标：前瞻性地确定拟议项目、政策或计划的潜在影响，以尽量减少潜在危害并最大限度地提高潜在收益。

目前，广泛使用的三大影响评估类型有：环境影响评估（EIA）、社会影响评估（SIA，也被称为"社会经济影响评估"）和 HIA。所有类型都采用类似的方法：确定要审查的潜在影响范围，收集数据以了解当前情况，预测项目或政策产生条件的变化并提出如何改进拟议的项目或政策以尽量减少损害并最大限度地增加收益。

评估类型的主要区别在于各自的关注内容。EIA 研究对生物物理环境的影响，SIA 考察对社会和经济环境的影响，HIA 检查对社区健康的影响（见图 3.1）。

实际上，EIA、SIA 和 HIA 内容范畴之间的区别并不总是非常明确的。很多情况有所重叠，诸如那些因为与多学科相关所以跨越了以上类型的综合评估（IA）模式。这些重叠区域也在图 3.1 中标出。例如，与 SIA 和 HIA 相关的主题包括拟议的项目或政策对就业、收入、住房或警察和消防等当地服务部门能力的影响。然而，这些主题与 SIA 和 HIA 的相关性有所不同，评估方法各有差异。SIA 的专业人员可能会调查一个项目如何直接、间接和诱导性影响就业、社区收入、住房可用性或警察服务能力。相比之下，HIA 的专业人员可能更关心这些变量的改变如何影响健康，如总体发病率（从就业和收入）、呼吸道疾病传播（从拥挤或低质量住房）或伤害率（从犯罪和暴力）。同样，EIA 和 HIA 的专业人员都可能关心空气质量带来的影响，但出发点不同。EIA 的专业人员可能想了解项目或政策将如何改变特定空气污染物（如颗粒物、一氧化二氮或硫氧化物）的水平，而 HIA 的专业人员可能对呼吸道疾病变化的预测和其他由空气质量变化导致的慢性疾病更为关注。

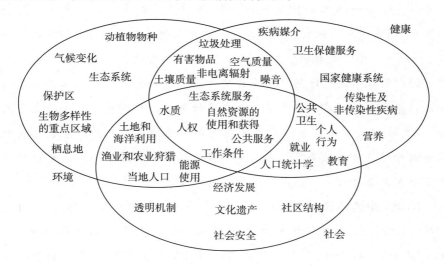

图 3.1　　EIA、SIA 和 HIA 内容范畴示例
（图片由 Filippo Uberti, Eni S. P. A. 提供）

目前，在美国国内和国际上使用的主要影响评估类型是 EIA。据 1969 年《国家环境政策法案》（NEPA），EIA[①] 是最早制定的影响评估实践的方法，

[①]　除环境影响评估（EIA）外，还常用环境评估（EA）和环境影响报告（EIS）这两个术语。这些术语的使用方式各不相同，并不总是在整个司法管辖区内一致使用，但通常是指前瞻性地确定拟议项目或政策的潜在影响的过程，特别是关注对生物物理环境的影响。

因此也被作为开发后续方法的模板。

环境影响类别包含在环境影响报告（EIS）中，与项目或活动密切相关，同时考虑污染物和生态系统功能。可能涵盖的类别包括空气质量、水质（地表水和地下水）、噪声、生物资源（植被、野生动物）、文化资源（建筑、历史和考古）、视觉资源和社会经济环境。EIS 内容指南可在环境质量委员会（CEQ，1973）获得。

框 3.1 描述了 NEPA 中解决人类健康影响的方式，框 3.2 回顾了 NEPA 中环境评估（EA）过程中的步骤。

框 3.1　NEPA 中解决的人类健康影响

一套强大的公共健康系统性方法由 NEPA 支持，环境质量委员会（CEQ）颁布规则，作为总裁执行办公室的机构，负责监督 NEPA 行政命令 12898 和 13045 的执行，并指导 NEPA 和环境平等。

国会目标　通过使用"人类环境"一词，国会认为保护人类社区是立法的根本宗旨。在决定 NEPA 颁布的辩论中，参议员亨利·杰克逊表示："当我们谈到环境时，其实我们就是在谈论人与这些生理、生物和社会影响力量之间的关系。从本质上说，环境公共政策不是为那些外在力量制定的公共政策，而是为人制定的政策。"

NEPA 中的健康　NEPA 提及健康共六次。NEPA 的根本目的是"努力预防或消除对环境和生物圈的破坏、促进人类的健康和福祉" NEPA § 102 [42 USC § 4321]。此外，NEPA 旨在"确保所有美国人享受安全、健康、有效，具有美学和文化价值的令人愉快的环境" [42 USC § 4331]。

最后，为了"最大限度地发挥环境的积极作用以获得益处，避免环境恶化、危害健康或安全的风险，以及其他不良和意外后果" [42 USC § 4331]。

CEQ 中的健康　NEPA 的几项总规定涵盖了健康问题。首先，各机构在环境影响报告草案（DEIS）[40 CFR § 1503.4] 中对公众关注的重大问题做出回应。因此，当机构可以根据范围界定预期的实质性健康问题时，将这些问题纳入 DEIS 中是明智的做法。

其次，在确定影响是否重要（因此需要在 EIS 中进行分析）时，机构应该考虑的因素之一是"对人类环境的影响可能有激烈争议的程度"[40 CFR § 1508.27（b）4]。普遍说来，那些受影响的社区最为关切的问题之一就是健康。

CEQ 规则还将健康特别定义为 EIS 或 EA 中必须考虑的影响之一。在界定"影响"时，规定："影响包括生态、美学、历史、文化、经济、社会或健康，无论是直接、间接还是累积影响。"[40 CFR § 1508.8] 而且，这些规则指示各机构考虑"拟议行动对公共健康或安全的影响程度"，以确定其重要性 [40 CFR § 1508.27]。

行政命令中的健康问题　行政命令 12898 中的指导机构"通过确定和处理项目、政策和活动中给少数民族和低收入人群带来的格外重大、负面的人类健康或环境影响，使实现环境平等作为宗旨之一"。

同样，行政命令 13045 规定，机构必须"高度重视审查和评估可能严重影响儿童的环境健康和安全风险，同时……应确保其政策、计划、活动和标准解决由环境健康或安全风险导致的对儿童的高风险"。

与联邦指导相关的基于 NEPA 的健康分析声明　CEQ 在关于实施行政命令 12898 的指导意见中提出了与公共健康分析相关的若干建议，其中包括：

- 牵头机构应包括公共健康机构和诊所；
- 各机构应审查相关的公共健康数据（任何信息来源）；
- 各机构应考虑相互关联的文化、社会、职业、历史或经济因素可能对拟议行动和替代方案的积极健康影响。（Wernham and Bear，2010）

框 3.2　美国 NEPA 中的环境评估程序

一旦 NEPA 由联邦项目启动，相关机构负责分析决定是否继续撰写 EA，以对项目的环境影响进行简明估计。在这个阶段，公众参与是由该机构酌情决定的，不一定有必要。EA 过程的结论将导出无重大影响报告（FONSI），如果可能有潜在的重大环境影响，将导出 EIS。

EIS 遵循一系列基本步骤。首先是意向目标（NOI）和范围界定阶段。此时这个过程是透明的，公众可以访问 NOI。范围界定过程包括确定最相关的问题、收集重要数据并邀请受影响的利益相关方参与其他行动。公众参与的媒介或方式很灵活，可以根据需要和适用性来调整。

接下来，该机构提交一项 DEIS，需要公示 45 天征集公众意见。EIS 的一项重点工作是确定项目的"目标和需求"，并探索如何满足项目最初提出的方式。备选方案中必须分析的一个选项是"无备选方案"，类似于规划中的"无再建项目"——不执行新项目的情况。在这个阶段，该机构也可以自行决定其首选替代方案。

草案后是结项 EIS。该文件的最后一个版本必须纳入公众对 DEIS 的评论和意见。这时机构也必须选择一种替代方案。最后，该机构基于 EIS 生成了一份决策记录（ROD）。这一公开文件是对 EIA 过程分析的回顾。最终，NEPA 的条例并不绑定结果。当要求结束时，可以选择遵守最终建议。NEPA 规定的 EIA 不是执行机制，而是保证机构人员在决策时充分了解情况。

虽然 EIA 过程是为与人相关的重要环境考虑提供保护的关键一步，但多年来已经显现出一些不足之处（Canter，1996；Lawrence，2003）。其中包括：将环境影响评估本身视为目的，而不是维护人与环境关系的手段；公众意见对评估和决策过程的影响有限；对社会影响不够重视；对人体健康的关注度不够；对弱势群体的不平等和不公正对待。

在对这些已知问题的部分回应中，已经制定了若干补充项，以期缩小差距。

SIA，即社会影响评估，出现于 20 世纪 70 年代，旨在明确审查某一项目潜在的社会影响。一般来说，SIA 的任务是研究人与社会及文化、经济、生物物理环境相互作用的各种方式（IAIA，2003）。在美国，SIA 通常在 EA 过程中采取社会组成的形式。因此，SIA 作为一种方向而不是正式的框架本身存在。然而，在国际上，SIA 通常作为独立过程使用，或者在综合评估中被赋予与环境影响评估相等（或几乎相等）的权重。

HIA 的概念首先出现在 20 世纪 80 年代后期，旨在填补评估大型基础设施项目对健康的影响方面的已知空白。虽然 HIA 首先应用于发展中国家的项目，但当人们发现它有为评估带来重要新观点的潜力时，HIA 很快进入了发达国家（Forsyth et al.，2010）。虽然 HIA 在许多方面借鉴了 EIA 的经验，如 Harris-Roxas 等人（2012）指出，健康评估在公共健康方面有其独特性。美国是后来接受 HIA 的国家之一，其最早的评估发生在 1999 年。不过，此后的十年中，在全国范围内有 54 个项目相继完成，到目前为止，美国已完成了 200 多个 HIA 项目。

像 SIA 一样，美国的 HIA 可以作为 EA 流程的一部分进行，也可以作为独立评估。虽然在 NEPA 过程中没有强制要求使用 HIA，但它能够提供未被考虑到的关键信息点。例如，巴尔的摩的一个交通项目的环境影响报告草案详述了拟议项目可能带来的一些环境影响，但没有提及对周边社区健康的影响。基于这些担忧，该市交通运输部门提出并实施了 HIA 以补充最终报告。该项 HIA 发现了一些本来会被忽视的健康影响（Salkin and Ko，2011）。

在 20 世纪过去的几十年，HIA 的出现反映了当前决策者面临不断变化的挑战，明确了建筑环境作为健康决定因素的重大意义和在项目或政策发展过程中正式解决这些问题的必要性。

综合评估

综合评估（IA）是新兴的影响评估方法，也称环境、社会和健康影响评估（ESHIA）。IA 使用学科间框架，力图获取单个学科分析无法获得的观点。

并非所有包含社会或健康分析的 EIA 都可以被界定为 IA。大多数 EIA 包括专科针对性分析，仅在汇总生成一份报告时才会被整合（Weaver and Sibisi，2006）。

IA 已经被界定为一种能够比独立开展的特定学科评估获得更大益处的优良方法。在已出版的文献中似乎有一项共识：IA 更高效也更有用，与决策者的联系更紧密，并且更符合利益相关方的利益和可持续性原则。然而，这些文献还描述了一些潜在的缺陷，诸如过于复杂导致其可行程度低（Lee，2006）。从 HIA 的角度来看，IA 方法拥有在更大的学科框架中调查健康影响的能力，这一点是其独有的优势（Bhatia and Wernham，2008）。

战略环境评估

战略环境评估（SEA）与 EIA 类似，但应用层面更广泛（或更具战略性）。战略环境评估力图找出对特定领域发展计划或政策、规划、战略等层面的影响，而不是明确提案对单个项目、政策或计划的影响。SEA 旨在确定重要的身体、社会和经济参数，使未来发展能够以可持续的方式进行（Partidario，2012）。在美国开展的一项 SEA 案例是土地管理局的 EIS 综合活动计划，该计划将在未来几十年内作为阿拉斯加地区国家石油储备中石油、天然气开发和土地利用规划的指导性文件（Bureau of Land Management，2013）。

健康评估类型

有几种用于观察对人体健康影响的健康评估类型，但均与 HIA 不同。了解这些评估类型具有重要意义，因为每种类型都有独特用途，但不能将它们与 HIA 混为一谈。

人体健康风险评估（HHRA）面临术语混乱问题。它也被称为健康风险评估、环境风险评估和环境健康风险评估。这是一种旨在预测暴露于化学污染物（如颗粒物、硫氧化物、重金属和其他化学物质）对人体健康影响的评估。HHRA 拥有一套方法论，包括确定潜在化学危害、剖析潜在接触人群、评估由预计的暴露情况（通常限于某些形式的癌症和特定的呼吸后果）导致的疾病状态的变化。像 HIA 一样，HHRA 通常前瞻性地确定未来行动的潜在结果，它也常用于评估正在审查或对毒理学健康结果有潜在影响的环境项目的环境影响（如资源开发或工业项目）。HHRA 与 HIA 之间有两个主要差异：首先，其影响的检查仅限于暴露于化学污染物的情况，而不涉及 HIA 检查的全部健康影响；其次，HHRA 使用了一种独特的方法。HIA 和 HHRA 是互补的，对于许多项目或政策来说，开展一个完整的 HHRA 非常有帮助，其结果可在 HIA 中引用。

职业健康风险评估是一种旨在保护劳动力的评估。它可以确定工人可能面临危险的工程。这类评估通常由一名专职或处于工业领域的卫生学家进行，他们对工业设施进行现场检查，确定化学、生物和物理危害，并评估工人接触这些危害的程度。像 HIA 一样，职业健康风险评估检查较大范围内的暴露情况和结果。然而，职业健康风险评估只会对"一定范围内"的工人产生影响，而不是像 HIA 那样将重点放在"其他范围"的潜在受影响社区（ICMM，2010）。

流行病学研究调查人群内疾病的分布和原因。它侧重于确定与特定健康结果相关并导致危险的因素，例如，吸烟作为肺癌的危险因素，或超重与 2 型糖尿病之间的联系。流行病学研究人员依靠以下几种标准研究类型：横断面研究——测量某一时间点的危险因素和健康结果；病例对照研究——查看目前患病者和未患病者两组的历史风险因素情况；队列研究——长期跟踪观察一组群体，确定发病者；随机对照试验——随机选择测试组进行接触（药物或一系列行为条件，例如运动）。像 HIA 一样，流行病学研究关注人类健康的结果，但这是唯一的相似之处。一项流行病学研究力图确定单一危险因素与单一结果之间是否存在关联，所有其他并发危险因素和结果被视为"干扰因素"而受到控制。换句话说，研究者力图排除这些因素的影响。相反，在 HIA 方面，研究者需尝试从混乱中解脱出来，而不是控制多种影响因素，他们希望描述所有的因素，并确定这些因素对多种健康结果的单一和综合影响。此外，流行病学研究通常更关注回顾，流行病学研究只能在接触和患病之后进行；根据定义，HIA 则追求根据尚未发生的情况来预测未来的健康影响。

健康计划评估是一种广泛的评估类型，用于评估健康促进计划的效力，了解其是否具有预期效果。例如，可以使用健康计划评估来判断戒烟计划是否真正降低了吸烟率，改善了其他该计划可能的预期结果。这与 HIA 不同，因为这些评估几乎完全集中于健康促进计划，它们研究已实施方案的结果，而 HIA 通常局限于项目的预期结果。

成本效益分析（CBA）的使用范围涵盖以健康为重点的组织，其使用范围非常广泛。它力图通过货币化正反面的影响，实现各自的经济效益对比。因此，CBA 本身通常不会预测结果，相反，它应用于已经通过其他方法（如 HIA）预测的结果。如此一来，通过提供与不利健康影响相关的成本估算和与健康益处相关的成本节省，CBA 可以对 HIA 进行正向补充。但实际上，有很多健康影响（如压力和焦虑）很难或不可能赢利，因此 CBA 并不总是对 HIA 有正向补充。

最后，我们应该注意到已经有大量的健康研究、评估存在，用以检查特定政策、项目、计划或规划对相应范围的健康结果或决定性因素的影响。虽然这些可能与 HIA 的目标类似，但只有在其符合 HIA 的最低标准（见第四章第二节）后才能将其视为 HIA，最低标准包括界定全范围的潜在健康影响、为制定决策提供信息并使用已建立的 HIA 方法。

在本章中，我们讨论了目前正在使用的几种不同的评估模型。每一种都在不断发展，未来可能会有所不同。此外，随着社会规范和优先级的改变，可能会出现与 HIA 兼容的新评估类型。

参考文献

Bhatia, R. , Wernham, A. 2008. "Integrating Human Health into Environmental Impact Assessment: An Unrealized Opportunity for Environmental Health and Justice. " *Environ Health Persp* 116（8）: 991 – 1000.

Bureau of Land Management. 2013. National Petroleum Reserve—Alaska（NPR-A）Integrated Activity Plan and Environmental Impact Statement. http：//www. blm. gov/ak/st/en/prog/planning/npra_general. html. Accessed 18 June 2013.

Canter，L. W. 1996. *Environmental Impact Assessment*. McGraw-Hill，Boston.

Council on Environmental Quality（CEQ）. 1973. "Preparation of Environmental Impact Statements: Guidelines. " *Fed Regist*38（147）: 20550 – 20562.

Forsyth，A. ，Schively，Slotterback C. ，Krizek，K. 2010. "Health Impact Assessment（HIA）for Planners: What Tools Are Useful?" *J Plan Lit* 24（3）: 231 – 245.

Harris-Roxas，B. ，Viliani，F. ，Harris，P. et al. 2012. "Health Impact Assessment: The State of the Art. " *Impact Assess Pro Apprais* 30（1）: 43 – 52.

IAIA. 2003. Social Impact Assessment: International Principles: Special Publication Series # 2. International.

Association for Impact Assessment，Fargo IAIA. 2012. *What is Impact Assessment?* International Association for Impact Assessment，Fargo.

International Council on Mining and Metals. 2010. *Good Practice Guidance on Health Impact Assessment.* ICMM，London.

Lawrence，D. P. 2003. *Environmental Impact Assessment: Practical Solutions to Recurrent Problems.* Wiley，New Jersey.

Lee，N. 2006. "Bridging the Gap Between Theory and Practice in Integrated Assessment. " *Environ Impact Assess* 26（1）: 57 – 78.

Partidario，M. 2012. Strategic Environmental Assessment Better Practice Guide—Methodological Guidance for Strategic Thinking in SEA. Portuguese Environment Agency and Redes Energéticas Nacionais. http：//ec. europa. eu/environment/eia/pdf/2012% 20SEA_Guidance _Portugal. pdf. Accessed 18 May 2013.

Salkin，P. E. ，Ko，P. 2011. "The Effective Use of Health Impact Assessment（HIA）in Land-Use Decision Making. " *Zoning Practice*，October: 2 – 7.

Weaver，A. ，Sibisi，S. 2006. The Art and Science of Environmental Impact Assessments. Council for Scientific and Industrial Research. http：//www. csir. co. za/general_news/2006/TheArtand-ScienceofEnvironmentalImpactAssessmentsByDrAlexWeaverandDrSibusiso Sibisi14_September_2006. html. Accessed 18 June 2013.

Wernham， A.， Bear， D. 2010. Public Health Analysis Under the *National Environmental Policy Act*. In： Human Impact Partners， Frequently Asked Questions About Integrating Health Impact Assessment into Environmental Impact Assessment. http：//www. epa. gov/region9/nepa/PortsHIA/pdfs/FAQIntegratingHIA-EIA. pdf. Accessed 18 June 2013.

第二部分

HIA 的核心概念和关键案例

第四章
HIA：方法概述

摘　要：　本章介绍了健康影响评估（HIA）的总体目标和方法，其中包括 HIA 一系列的定义，以及其目的、过程和影响的主要特征。重点介绍了 HIA 的三个关键特征：提供决策相关信息；遵循结构化但又灵活的过程；全面考察决策对健康结果和健康决定因素可能造成的影响。本章还强调了 HIA 具体的实施步骤：筛查（确定 HIA 是否需要或有用）、范围界定（规划 HIA 的方案）、评估（确定其对健康的影响及影响的分布）、建议（制定促进健康并尽可能减少损害的策略）、报告（向决策者和利益相关者传达结果）、评价（了解 HIA 的有效性）和监测（跟踪观测随时发生的变化）。本章讨论了在决策周期中 HIA 在什么时候最有效、谁可以被委托或开展 HIA，以及其间可能使用的多种方式及方法。此外，还讨论了 HIA 的类型，即快速、中等或全面三种。每种类型的时间周期、利益相关者的参与程度和数据收集的强度均不相同，各自都满足

HIA 的不同需求。最终可知，HIA 是围绕着一个核心共性及原则形成的一套既多样又灵活的实践方法。[1]

关键词：《哥德堡共识声明》；决策；定义；筛查；范围界定；评估；建议；报告；评价；监测；利益相关者

从根本上来说，所有的 HIA 都有一个共同目标：为决策者提供与特定项目或人类健康政策相关的有效信息。为实现这一目标，HIA 可以采取本章所讨论的几种形式或方法中的任何一种。

HIA 的定义及关键特征

HIA 最广为人知的定义来自《哥德堡共识声明》，其对 HIA 的定义如下：

能够判断政策、计划或项目对人口健康的影响及其分布的一个程序、方法和工具的组合。（European Centre for Health Policy，1999）

也有其他定义，见框 4.1。

框 4.1　HIA 的定义

能够判断政策、计划或项目对人口健康的影响及其分布的一个程序、方法和工具的组合。（European Centre for Health Policy，1999）

一种通过定量、定性和参与性技术来评估不同经济部门政策、计划和项目对健康影响的方法。（World Health Organization，2012）

---

① C. L. Ross et al., *Health Impact Assessment in the United States*, DOI 10. 1007/978 - 1 - 4614 - 7303 - 9_4, © Springer Science + Business Media New York 2014.

一个可以帮助组织通过评估其决策对人们健康和福祉可能造成的后果，帮助其制定更为全面的政策和计划的工具。（Welsh – Health Impact Assessment Support Unit，2004）

HIA 有两个基本特征：

- 目的是为一项决策提供信息；
- 目标是预测实施不同选择后对健康造成的影响。（Kemm，2007）

一种阐明所提政策的健康后果的系统性工作方法。（Federation of Swedish County Councils et al.，1998）

对由特定事件（如政策、计划、项目）造成的健康风险变化进行的一种评估。（Birley，1995）

在一个基于广泛的健康模式的结构化框架内……经济、政治、社会、心理和环境因素将会决定人群健康，而 HIA 是证明提案可能带来的一系列健康影响的多学科过程。（Lock，2000）

健康影响评估（HIA）旨在确定发展会怎样诱发由健康决定性因素带来的意想不到的变化，以及导致的健康结果的变化。HIA 为积极解决与健康危害有关的风险奠定基础。此外，HIA 也会涉及发展中改善人们健康的机会。（Quigley et al.，2006）

具体来说，HIA 旨在提供信息，使决策者能强化任何项目、计划或政策对健康的积极影响，并减少（或消除）任何相关的负面影响。为了做到这一点，HIA 力求为决策者提供一套"以实证为基础的"建议。（Department of Public Health and Epidemiology，University of Birmingham，2003）

虽然对 HIA 的定义各不相同，并且各自强调了评估的不同要素，但是大多数定义包含一些类似的关键特征，HIA 的代表性特征包括：

（1）HIA 的主要目的是为决策提供信息；

（2）HIA 遵循结构化但又灵活的流程；

（3）HIA 全面考察决策对健康结果和其决定因素可能产生的影响。

由于这些特征对如何定义 HIA 至关重要，下面将对其进行讨论。

HIA 的主要目的是为决策提供信息

HIA 的目的是在决策过程中提供信息，帮助人们更好地了解对健康潜在的影响，从而实现决策优化。为决策提供信息是将 HIA 与学术健康研究区分开来的一个关键特征。流行病学研究旨在强化整体的科学知识，而 HIA 旨在为具体的项目、计划或政策决定提供信息。

有一点很重要，即在一般情况下，HIA 是针对没有将健康影响作为主要目标的项目或政策——例如资源开发项目、城市基础设施项目或经济政策。虽然这些类型的项目和政策通常会改变社会和环境等因素，从而对健康产生影响，但这些项目和政策的主要目标是实现其他领域的变化。而 HIA 提前揭示了关于健康方面未知或被忽略的信息，这些信息最常用于健康服务及政策以外的领域，在这些领域具有重要价值。表 4.1 列出了 HIA 在不同领域的应用。

表 4.1　HIA 应用的领域示例

领域	HIA 应用的政策及项目
交通	高铁
	旅行需求管理
	运输策略
经济	国家预算
	经济发展战略
就业	就业和技能行动计划
	本地工人培训计划
	带薪病假立法
住房	新房开发
	房屋租赁凭证计划
基础设施	宽带基础设施方案
	机场扩建计划
能源	关于煤矿、石油和天然气发展、水力发电、核能、风能的项目
	国内新能源战略

续表

领域	HIA 应用的政策及项目
金融	国家酒业战略
农业	地区农业政策
农业	美国联邦农业法案
城市发展	地区发展计划
城市发展	城市重建项目
社区及社会支持	反家庭暴力措施
社区及社会支持	街道照明提议
健康	健康保险范围变化
健康	新建医院选址

至于谁可以使用 HIA 为决策提供信息，这一群体可能包括居住在受项目或政策影响的社区的人，项目或政策的发起者①，审查、批准项目或政策的监管机构，可能会受当地人口健康状况变化影响的服务提供者，以及与项目或政策成果有关的机构或组织（如市政府）。

HIA 给决策带来的价值可能会因使用背景而不同。HIA 可以通过提供基于事实的关于人口健康状况变化的预测来实现价值，也可以通过促进跨部门讨论和健康问题协作的过程来实现价值。很多 HIA 项目实施中都会尝试两种方法并行。

HIA 遵循结构化但又灵活的流程

尽管为了适应不同地方的条件，同时考虑到在议政策、计划或项目的具体情况，HIA 的实施方法不尽相同，但 HIA 方法中仍包含标准化的步骤（见图 4.1）。

筛查　筛查是用于确定 HIA 是否必需的过程，以及开展 HIA 时最适合采用的方法。该决定将基于项目/政策可能对健康决定因素带来的影响，以及 HIA 是否有可能影响决策过程等因素。

---

① HIA 可以检查项目、政策、计划或策略。在本书中，我们使用"项目或政策"是为了简洁。

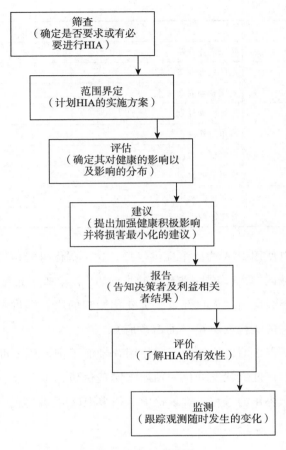

图 4.1　HIA 的步骤

　　实际上，筛查这一环节通常是不开展的。相反，由于社区会组织启动或有相关资金可用，大多数 HIA 是在政治过程或监管要求下进行的（Quigley et al.，2005）。

　　范围界定　范围界定包含两个重要部分：问题范围界定和参数设置。问题范围界定是确定项目或政策将如何影响健康决定因素和结果的初步过程，以便在下一阶段评估这些因素间的联系。这一环节提出了"一篮子"待审议的问题，其中有些可能重要，也有些可能并不重要。问题范围界定通常由HIA 从业者与当地社区、项目倡议者和其他利益相关者协商完成。范围界定阶段还包括确定 HIA 如何开展：确定时间和地点、确定使用方法、建立指导委员会以及确定其职权范围。

评估　一旦通过范围界定确定了相关的健康决定因素和结果，下一步就是系统地评估项目/政策是否可能影响这些结果，以及如果确实有影响，将会如何影响。评估本身依赖于定量和定性证据的结合。风险的特征通常包括在人群中影响的可能性、幅度、持续时间、频率和分布等因素。

建议　制定合理的循证建议是 HIA 的核心。执行 HIA 的目的不仅在于量化风险，而且应减轻潜在危害并增加潜在的健康益处。建议的制定也可能涉及制订实施的具体计划，以及责任的明确界定。

报告　将 HIA 的结果传达给各利益相关者，例如项目或政策的倡导者、当地社区团体、地方卫生官员、非政府组织或其他感兴趣的团体。

评价　评价是指对 HIA 过程和结果的评价，如：是否成功实现目标？HIA 能否影响决策？它符合健康利益相关者的需求吗？

监测　监测是指在项目/政策落实后追踪相关健康指标，以了解健康状况及其决定因素随时间的变化。监测与行动计划相关联则效果最佳。行动计划基于健康决定因素观察指标的变化，包含在 HIA 评估之中。HIA 完成后，监控仍会持续发挥作用。

这些步骤与环境影响评估（EIA）和其他影响评估模式中的步骤相同，因此构成了标准框架的一部分。

HIA 全面考察决策对健康结果和其决定因素可能产生的影响

由于 HIA 是一个平衡、全面的过程，所以在某个特定 HIA 中受到检验的潜在健康影响必须包括所有可能受到在议项目或政策影响的因素。如果评估仅限于一两个利益相关的结果（例如，只考虑新高速公路可能导致的空气质量变化，而忽略了流动性、伤害和其他重要结果的潜在变化），那么从定义上来说该评估就不是 HIA。

健康影响包括生物医学健康结果的变化（如损伤和疾病率）、精神健康和健康决定因素。HIA 将确定政策产生的潜在的健康益处以及负面影响。

HIA 在考察政策对整个人群健康影响的同时，也考虑到了对特定群体影响的不同之处。这是在认识到不同群体的健康风险和利益可能存在系统性的不公平分配之后，为了促进健康公平的做法。

2010 年，北美 HIA 从业者制定了一份协定，规定了最基本的几个要素，以便评估是否构成 HIA（North American HIA Practice Standards Working Group，2010）。这些最低标准要素见框 4.2。

框 4.2　HIA 的最低标准要素

健康影响评估（HIA）必须包括以下要素，这些要素是否共同存在是区分 HIA 与其他评估的标准。HIA 应：

一、为决策过程提供信息而启动，并在政策、计划或项目决策之前进行。

二、利用系统性分析过程，具有以下特点。

1. 包括范围阶段，综合考虑对健康的潜在影响。

2. 涵盖结果，以及对社会、环境和经济健康的决定因素，并选择潜在的重大问题进行影响分析。

3. 征求利益相关者的意见并在分析中使用。

4. 建立健康基线条件，描述健康后果、健康决定因素、受影响人群和脆弱群体。

5. 使用最佳实证判断政策/项目对人类健康或健康决定因素影响的大小、可能性、分布和持久性。

6. 结论和建议都基于透明而符合特定情况的证据、来源明确的数据和方法假设，以及充分考虑了证据和不确定性的优势和局限性。

三、确定适当的建议、缓解方法和设计替代方案，保护并促进当地居民的身体健康。

四、提出监测计划，以跟踪观测有关健康影响/决定因素的决议执行情况。

五、包含透明、公开的方法，调查结果，赞助商，资金来源，参与者以及各自的角色。

应在何时启动 HIA?

政策和项目的决策过程（见图 4.2）是一个闭环过程，包括确定问题、开发和分析替代方案、选择首选解决方案、实施解决方案、对结果进行评估。虽然这种闭环通常与公共政策发展有关，但它与用于制订计划和重大项目的过程类似。在做出决策前对可行的解决方案进行开发和分析，只要它们的参数明确，HIA 就是最有效的。

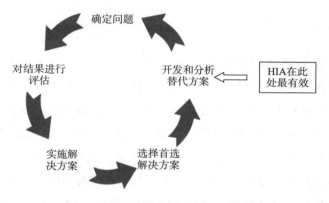

图 4.2　决策闭环中开展 HIA 的时间节点

谁实施 HIA?

HIA 是根据监管或社会需求进行的。实施或协调 HIA 的组织是响应这一需求的相关机构，包括政府（联邦、州、县和部落政府机构全都在美国境内开展过 HIA）、学术机构、非政府组织或社区组织以及私营企业。这些实体可以发起 HIA 或是为其提供资金，可以组成指导委员会进行监督，也可以制定 HIA 必须满足的职权范围。

HIA 的实际开展几乎总是一个团队合作的过程，将公共健康领域的专业人员（可能接受过流行病学、临床医学、社区卫生或其他公共健康专业的训练）与其他学科专家（如区域城市规划者、运输策划者、社会学家、经济学家、毒理学家、空气专家、水质专家或其他学科专家）汇集在一起。该团队负责执行 HIA，吸引利益相关者，进行分析和撰写结果。

HIA 类型学

虽然所有 HIA 都遵循上述的整体步骤，但在如何实施上仍有很大的灵活性。采用的方法根据强度水平和分配时间及 HIA 是作为独立过程还是与其他评估相结合而有所不同。

强度水平

投入 HIA 的强度或程度取决于被评估政策或项目的决策时间安排、潜在健康影响的相对复杂性以及评估中可用的财务和人力资源等因素。

HIA 可在短短 1 至 2 周内完成。与此同时，有些 HIA 则已经耗费了多年时间。基于投入的多少和时间长短，HIA 被分为快速（也称为桌面型）、中等或综合三类。如表 4.2 所示，快速 HIA 在几天或几周内进行，仅依赖于现有数据，并且基本上没有利益相关方的参与。而综合 HIA 需要数月至数年的时间，需要收集大量新数据，并涉及重要的利益相关者。中等 HIA 位于快速和综合之间。

表 4.2　基于投入程度和时间线的 HIA 类型学

快速	中等	综合
非常快（2 天至 6 周）	4 周至数月	数月至数年
需要资源很少	需要一定资源	需要大量资源
无须利益相关者参与	部分利益相关者参与	利益相关者重度参与
无须收集新数据	收集部分新数据，经常依赖于现有数据库	通常需要收集主要数据

整合方法

许多 HIA 是作为独立过程进行的，也就是说，评估是与其他关于政策或项目审查的研究分别进行的。决策者和其他重要的利益相关者将得到一份单独的 HIA 报告，为其提供针对健康的分析和建议。

　　然而，HIA 也可以作为综合流程的一部分进行，与 EIA 或社会影响评估一同进行。如果整合有力且平衡，则这些组合通常被称为综合评估（IA）、综合影响评估（IIA）或环境、社会和健康影响评估（ESHIA）。如果不平衡，则通常会强调自然环境，而 HIA 可能被列为 EIA 或环境影响报告（EIS）的一章或一小节。关于这些概念在第三章进行了更深入的讨论。

HIA 子类型

　　已经开发了 HIA 的几种不同的"子类型"，其中最常见的是健康权益影响评估（HEIA）和心理健康影响评估（MHIA）。

　　公平是 HIA 的核心价值，HIA 从业者的共识是在每次评估中都应考虑公平（Douglas and Scott-Samuel，2001；North American HIA Practice Standards Working Group，2010）。然而，对于如何将重点放在健康权益方面的问题，缺乏历史性的实际指导（Harris-Roxas et al.，2004）。这导致在大多数已公布的 HIA 中对公平性的关注不够。HEIA 使用 HIA 的标准步骤，但它是根据被审查项目或政策如何在群体间产生健康不公平来进行评估的（Mahoney et al.，2004）。同样，MHIA 也采用了一个专注于项目或政策对精神健康以及生活幸福影响的环节（Cooke et al.，2011）。

　　总而言之，HIA 已经被多种不同的方式所定义，这样的优势之一是 HIA 从业者可以利用其灵活性，针对具体项目和人口环境调整实施方法。HIA 既可以作为一个独立过程，也可以轻松地与环境、社会影响和其他评估相结合。此外，HIA 还提供了一个广泛的平台，使许多学科的专业人士提供专业的方法和流程，为评估流程提供信息。HIA 的几个基本要素也使 HIA 与其他类型的评估和健康研究不同，让其成为一种独特、具有价值的评估方法。

参考文献

Birley, M. 1995. *The Health Impact Assessment of Development Projects.* Her Majesty's Stationery Office, London.

Cooke, A., Friedli, L., Coggins, T. et al. 2011. *Mental Well-being Impact Assessment: A Toolkit for Well-being*, 3rd ed. National MWIA Collaborative, London.

Department of Public Health and Epidemiology, University of Birmingham. 2003. A Training Manual for Health Impact Assessment. http://www. apho. org. uk/resource/item. aspx? RID = 44927. Accessed 18 June 2013.

Douglas, M., Scott-Samuel, A. 2001. "Addressing Health Inequalities in Health Impact Assessment." *J Epidemiol Comm H* 55: 450 – 451.

European Centre for Health Policy. 1999. *Gothenburg Consensus Paper.* World Health Organization Regional Office for Europe, Brussels.

Federation of Swedish County Councils and the Association of Swedish Local Authorities. 1998. *HIA: How Can the Health Impact of Policy Decisions be Assessed?* Informationsavdelningen, Stockholm.

Harris-Roxas, B., Simpson, S., Harris, E. 2004. *Equity Focused Health Impact Assessment: A Literature Review.* Centre for Health Equity Training Research and Evaluation, University of New South Wales, Sydney, Australia.

Kemm, J. 2007. *More than a Statement of the Crushingly Obvious: A Critical Guide to HIA.* West Midlands Public Health Observatory, Birmingham.

Lock, K. 2000. "Health Impact Assessment." *BMJ* 320 (7246): 1395 – 1398.

Mahoney, M., Simpson, S., Harris, E. et al. 2004. *Equity Focused Health Impact Assessment Framework.* Australasian Collaboration for Health Equity Impact Assessment.

North American HIA Practice Standards Working Group. 2010. Minimum Elements and Practice Standards for Health Impact Assessment, Version 2. http://hiasociety. org/documents/PracticeStandardsforHIAVersion2. pdf. Accessed 18 June 2013.

Quigley, R., Cave, B., Elliston, K. et al. 2005. *Practical Lessons for Dealing with Inequalities in Health Impact Assessment.* National Institute for Health and Clinical Excellence, London.

Quigley, R., Den Broeder, L., Furu, P. et al. 2006. *Health Impact Assessment: International Best Practice Principles*. Special Publication Series No. 5. International Association for Impact Assessment, Fargo.

Welsh Health Impact Assessment Support Unit. 2004. *Improving Health and Reducing Inequalities: A Practical Guide to Health Impact Assessment*. Cardiff Institute of Society, Health and Ethics, Cardiff.

World Health Organization. 2012. Health Impact Assessment: Promoting Health Across all Sectors of Activity. http://www.who.int/hia/en. Accessed October 31, 2012.

第五章
美国案例研究

摘　要：　本章回顾了四个案例并讨论了每个案例采用的方法和得出的结论。这些案例代表了在美国进行的全面健康影响评估（HIAs），每个案例都对政策有重大影响。第一个案例是亚特兰大环线 HIA 项目，这是一个宏伟的重建计划，旨在将佐治亚州亚特兰大转变为一个由运输线、人行道和城市待开发用地编织起来的城市，该项目将带来极大的潜在积极健康影响。这一 HIA 表明了学科交叉与协作的重要性，以及与项目的时间周期相关的关键因素。第二个案例介绍了一项对缅因州联邦立法（2009 年《健康家庭法案》）具有潜在健康影响的 HIA。该评估借鉴同行评议和实证研究，应用了现有的统计数据分析，并进行了包括关注群体访谈在内的公众参与环节。第三个案例是加利福尼亚州 2006 年《全球变暖解决方案》的 HIA，结合了定量和定性的方法，并对监测和适应性管理提出了实质性建议。最后一个案例是一个审查联邦政府对低收入家庭能源援助计划（LIHEAP）的 HIA，评估了能源成本上涨对低收入家庭儿童健康的潜在影响。其中涵盖了大量文献回顾和对核心利益相关者的访谈，并最终确定了部分能源价格和健康风险之间的重要因果联系。[①]

---

① C. L. Ross et al. , *Health Impact Assessment in the United States*, DOI 10. 1007/978 – 1 – 4614 – 7303 – 9_5, © Springer Science + Business Media New York 2014.

关键词：　亚特兰大环线；重建；基础设施；路线；交通枢纽；积极生活；综合 HIA；2009 年《健康家庭法案》；带薪病假；加利福尼亚州 2006 年《全球变暖解决方案》；温室气体排放；低收入家庭能源援助计划（LIHEAP）；防寒保暖；货运铁路通道；城市待开发用地；疾病预防和控制中心；税收分配区；碳抵消计划

迄今为止，美国的大多数健康影响评估（HIA）已经研究了在规划、运输和住房领域的政策和项目的潜在健康影响。本章提出的四个案例研究展示了其在覆盖范围、复杂程度、公共投入和分析框架等方面的巨大差异，这些方面反映出 HIA 在美国进行的方式。选定的案例也是 HIA 影响政策结果和决策的绝佳案例。

第一个案例是审查亚特兰大环线（亚特兰大市中心的一个重大改造项目）对身体活动和其他健康结果影响的综合 HIA。亚特兰大环线是一个拟议项目，目的是在亚特兰大市中心的旧铁路线上建造一条 22 英里长的环线和过境线，并为新公园选址，促进积极的生活和再发展。亚特兰大环线 HIA 是在美国进行的首批综合 HIA 之一。

第二个案例是一项分析 2009 年《健康家庭法案》的 HIA，该法案旨在保障工人享受病假的权利。执行 HIA 的目的在于证明这项立法工作可以降低因为某些工人无法享有病假而产生消极影响的可能。

第三个案例是分析 2006 年加利福尼亚州《全球变暖解决方案》的 HIA。这个 HIA 审查了根据该法案要求收集的原始数据，从而确定了减少温室气体排放对健康潜在的影响。

第四个案例是评估低收入家庭能源援助计划（LIHEAP）影响的 HIA，该计划是在 1981 年创建的联邦资助计划，为能源开销在生活支出中占比高的低收入家庭提供采暖、制冷和防寒保暖方面的援助。HIA 的目的是评估能源成本上升对居住在这些家庭中的儿童的影响。

案例一

案例名称： 亚特兰大环线 HIA

负责机构： 佐治亚理工学院生活品质增长和区域发展中心（CQGRD）、疾病预防和控制中心（CDC）

年份： 2007

地点： 佐治亚州亚特兰大市

评估的项目、计划或政策　亚特兰大环线项目之前是亚特兰大核心地区的货运铁路走廊。环线重建项目建议将走廊中 22 英里长的一段改为被公园、住宅和商业区围绕的环路。这个宏伟的重建计划一旦成功落地，将使亚特兰大变成一个由运输线、人行道和城市待开发用地编织起来的城市，如图 5.1 所示。

HIA 的目的　HIA 旨在确定拟议的环线重建对健康结果和健康决定因素（包括城市待开发用地等）造成的影响，并确定哪些人群和社区将最受益，哪些将受到不利影响。

受影响群体　亚特兰大市的居民和城市的游客。

方法　HIA 由来自疾病预防和控制中心（CDC）和佐治亚理工学院生活品质增长和区域发展中心（CQGRD）的研究人员、医生和公共健康专业人员组成的跨学科团队进行，并且由罗伯特·伍德·约翰逊基金会资助。HIA 遵循筛查、范围界定、评估、建议和报告的标准步骤。

在范围界定环节，还开展了对外开放活动（由地方利益相关者参与），确定了四个利益相关者群体：决策者、执行者和专家（公共机构、私人开发商）、研究区域居民和企业，以及从业者。对外开放活动的主要目标是宣传该项目，教授并通知相关人员关于 HIA 和健康的信息，确定潜在的健康影响，并收集信息和数据（大部分是定性的），最后形成建议书。

评估结果　研究团队评估了该规划是否会对平等获取健康支持的便利性造成影响，特别是公园和路线、交通、获取健康的房屋和食物的便利程度。

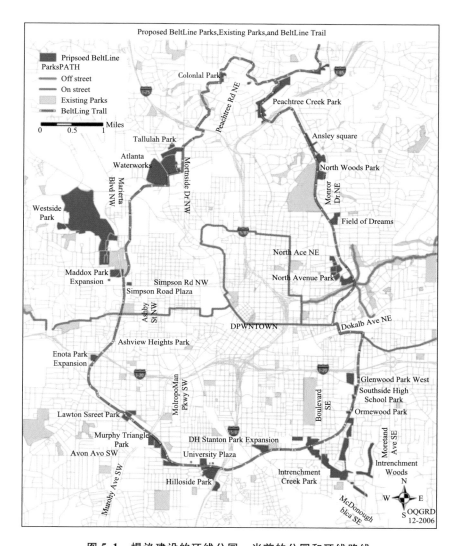

图 5.1 提议建设的环线公园，当前的公园和环线路线

具体来说，HIA 着重评估了对以下健康层面的潜在影响：

- 便利性和社会公平（有关公园、交通、健康住房、健康食品的便利性）；
- 安全（伤害、犯罪）；
- 社会资本；
- 环境（空气质量、水质、噪声、待重新开发的城市用地）。

为了确定对公园的潜在影响，分析中使用了已有的 GIS 数据来衡量现有和拟建的公园，结果如图 5.2 所示。研究人员估计了当时可能进入公园的居民人数和比例，并预测了 2030 年的情况。同时，根据年龄、种族、收入、贫困或无家可归的状况分析了居民的组成，并确定了分区。分析表明，研究区域的居民将更方便地进入亚特兰大市的公园。这一发现对体育活动和健康结果有正面影响。

为了评估获得健康食品的便利情况，研究团队评估了全服务链的食品店位置，因为文献显示，前往食品店便利与否与饮食健康与否相关。如图 5.3 所示，只有 53% 的区域与食品店的距离在步行（0.25 英里）或骑自行车（0.8 英里）距离范围内，非白人家庭数量较少（占整个研究区域的 50.1%，而不是 62.2%）。根据这些分析，HIA 的建议中强调了为利于步行，要使公园和路线更便利、更连通、距离更短，特别是在服务能力不足的地区；安置位于靠近运输线路的住房和企业；制定支持经济适用住房并防止人员被迫迁离的方案，以确保发展和设施运输的公平。

评估中对周边空气污染水平和当地处于空气污染热点的住房都进行了环境分析。该分析表明，环线可以通过调节机动车辆行驶状况来改善空气质量，但一些新建筑可能容易受到当地高空气污染水平的影响。HIA 建议监测疑似热点地方的污染程度，并对该地区的发展进行重新安置或降低影响程度。HIA 显示，环线项目有可能通过修复和重建棕色区域来改善健康情况。其主要建议就是减少环线房屋噪声和雨水径流。

HIA 还建议，环线计划应通过优先让行人进入交通枢纽来推广体育活动；结合通用设计原则，并鼓励老年人、残疾人和儿童使用设施；提供照明和紧急呼叫设备，以增强设施的安全性；提供各种娱乐设施。HIA 建议设计针对行人和自行车的便利设施，以减少碰撞风险；对运输基础设施进行安全设计和维护；通过环境设计（CPTED）原则预防犯罪。就环线计划的重建建议而言，HIA 鼓励公众参与规划、协同决策，扩大社会化的公共空间，以及避免现有居民和企业被迫迁离的情况。

HIA 对与环线建设相关的若干初步政策和流程均有一定影响。

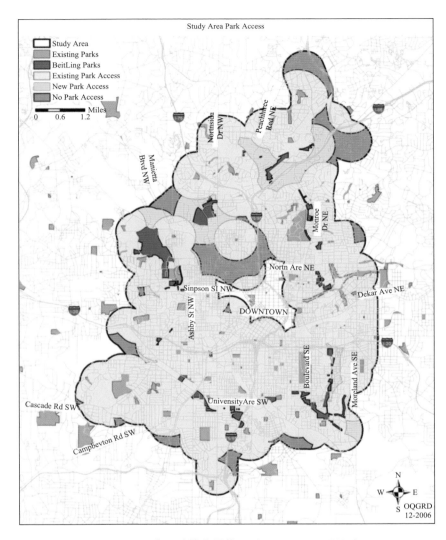

图 5.2　研究区域的公园状况（Ross et al.，2007）

　　在基础设施建设方面，HIA 的结果使决策者将绿色空间建设作为首要任务。截至 2011 年年中，首个 22 英亩的公园和 5.5 英里的多用途路线开放，供公众使用，其他公园和路线也正在建设中。HIA 同时获得了环线系统主要支持者凯撒医疗集团等方面的支持。截至 2013 年，凯撒医疗集团为建设东区线路注资 250 万美元，另有 250 万美元由一位个人捐助者提供。凯撒医疗

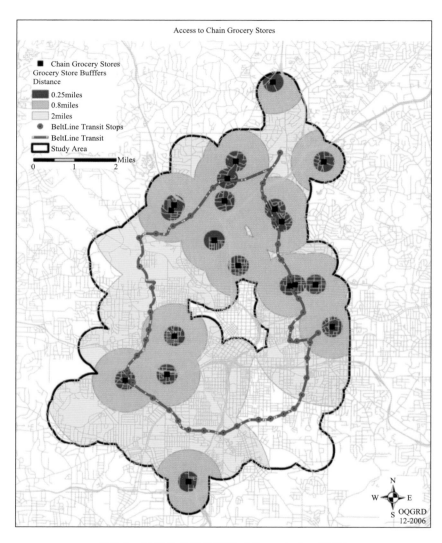

图 5.3　通往食品店的路线 （Ross et al.， 2007）

集团还资助了对这些基础设施改进项目的健康影响的评估。HIA 的成果之一是获得了环境保护署 （EPA） 向环线项目奖励的 100 万美元，这笔资金用以清理待重新开发的城市用地。EPA 在宣布该奖项时引用了环线 HIA 评估的结论："环线的重建可以减少城市中杂乱无序的地区，并通过创造更多的城市待开发用地和步行区域来建设更健康的社区。"（Ross et al.， 2007）

在组织和政策方面，HIA 对环境影响报告（EIS）过程有所影响。税务分配区公民咨询委员会负责监督联邦 EIS，并在其委员会中增加了一名公共健康专业人员，将其任命为环境工作组主席。HIA 使几个与健康相关的指标被纳入其他评估体系。在联邦格鲁吉亚环境评估过程中，联通性（涉及运输服务和设施以及公民空间）已被添加到评估标准中。HIA 为建设经济适用房和防止居民流失提供了支持。推动了环线项目中经济适用房政策的形成。在社区层面，当地居民使用 HIA 来指导需求评估。随着发展规划的实施，健康优先这一点将从区域规划层面落实到社区的实际发展中。

HIA 的几个核心环节是其成功的关键。其中，最重要的是有足够的时间和资源，以便进行全面且具有前瞻性的 HIA，并解决不在预期中的利益相关者的担忧。这项工作涉及的合作有助于提高跨学科的知识和工作能力。最后，HIA 的实施增强了公众对健康问题的认识，这被认为是使环线重建项目吸引了超过 600 万美元额外资金的因素之一（Ross et al.，2012）。

案例二

案例名称： 2009 年《健康家庭法案》HIA：缅因州附录

负责机构： 人类影响合作组织

年份： 2009

地点： 缅因州

评估的项目、计划或政策 2009 年《健康家庭法案》是一项保障工人获得带薪病假权利的联邦立法。拟议的法律规定，大型企业（有 25 名以上员工）的员工每工作 40 小时应拥有 1 小时带薪病假机会，小企业员工每工作 80 小时应拥有 1 小时带薪病假机会。2010 年曾有一项类似的关于向员工提供带薪病假的法案准备引入第 124 届缅因州立法部门。缅因州 40% 以上的劳动力将受到待议立法的直接影响，因为这里有近 25 万名雇员没有带薪病假。

HIA 的目的 工人没有带薪病假会对健康产生直接和间接的不良影响，而 HIA 旨在证明该法案可以减少相关影响。人类影响合作组织和旧金山公共卫生部的研究人员在 2009 年早些时候对立法产生的影响开展了一项国家级 HIA 评估， 缅因州附录的重点则是评估该国家级别立法的影响。

受影响群体 缅因州居民， 特别是没有获得带薪病假的工作者。

方法 缅因州及国家层面的 HIA 采用的研究方法均包括对同行评议研究的文献回顾， 分析带薪病假现有统计数据的可用性和使用情况， 关于传染病暴发和疾病的数据， 对国家健康访谈调查数据的统计分析， 确定获得带薪病假和使用医疗服务之间的关系， 评估疾病负担。 缅因州附录还涵盖了当地公众的参与情况， 并对班戈市的雇员进行了焦点小组访谈。

评估结果 国家报告描述和分析了缺乏带薪病假将如何影响医疗保健的效用和成本。 其结论是由于医疗诊断和治疗的拖延， 增加了糖尿病、 哮喘和高血压等慢性疾病的患者在医院和急诊部门就诊的次数。 在这些情况下， 患者在急诊部门就诊不但费用十分昂贵， 效果也欠佳， 但如果患者能够及时在门诊和初级保健所就诊则可以在很大程度上避免这种情况。 缅因州的评估中提到， 17% 的急诊是可以避免的， "不愿意耽误工作的患者会选择等到周末就诊， 然后他们发现自己根本无法进入医生办公室并得到诊治"。 带薪病假立法被确定为一种能够减少这类现象的方法。

HIA 也对食源性疾病和流感等呼吸道传染性疾病的传播进行了审查。 如 HIA 报告所述， 以前的研究表明， 食源性疾病的暴发可能与患病的食品服务工作者相关。 美国有 92% 的餐厅工作人员和 27% 的养老院工作人员没有带薪病假。 问题主要在于雇员及雇主对疾病症状的确定以及是否采取措施 （如在家休养） 来保护同事和公众免受感染。 但因为雇员的经济压力， 他们很难停止工作回家休养。 此外， 他们可能会选择延迟治疗， 并在不知不觉中传染他人。 因此， 带薪病假或许有助于减少流行性感冒和胃肠炎等传染性疾病在医疗保健、 食品服务和托儿等领域的传播。

焦点小组访谈的结果与数据分析的结果相吻合。 参与者称， 因为财务和就业的影响， 他们不会选择休病假， 这导致了他们病情的恶化以及不得不去急诊病房就诊。 无法休息、 初期治疗滞后， 或无法照顾患病家属等是主要原因。 焦点小组访谈的参与者非常明白他们带病上班会影响同事的健康。 然而，由于担心罚款或其他财务损失，尽管意识到了风险，他们仍选择继续工作。参与者还担心，当他们休病假时会受到雇主报复，并受到威胁或歧视。他们也觉得自己缺乏基本的人权以及雇主的信任。

"2009 年《健康家庭法案》HIA：缅因州附录"使用量化数据和定性信息的组合，充分证明实施带薪病假立法的潜在健康益处。这不仅对立法中覆盖的雇员有利，也会对整个社会产生积极影响。

案例三

案例名称：限额与交易计划 HIA：2006 年加利福尼亚州《全球变暖解决方案》

负责机构：加利福尼亚公共卫生部

年份：2010

地点：加利福尼亚州

评估的项目、计划或政策　2006 年 9 月 27 日，加利福尼亚州通过了《全球变暖解决方案》，应对气候变化带来的威胁。该法案的目标是在 2020 年将温室气体排放量减少到 1990 年的水平，最大限度地发挥公共健康效益，并确保低收入群体不受减排措施的影响。该法案中列出的主要监管机制之一，也是 HIA 的重点，即"限额与交易"计划，该计划限制碳排放，同时允许在公司或政府之间交易排放信贷。

HIA 的目的　加利福尼亚州公共卫生部领导的气候行动小组公共卫生工作组（CAT-PHWG）承接了 HIA，"展现出公共决策会对人类健康产生重大潜在影响"。HIA 旨在对其他侧重于空气质量或经济影响但未考虑到对人类健康影响的政府分析进行补充。

受影响群体　根据审查的健康项目的不同，可能受到影响的人群有所变化。每个人群的问题都具有极强的局部特征，比如部分社区的居民将从植树和减少火灾发生次数中受益。对于其他问题，例如对就业的潜在影响，受影响的人口就非常广泛，覆盖加利福尼亚州的所有地区。

方法　HIA 遵循明确的实施步骤，包括筛查、范围界定、评估和建议。

筛查和范围界定过程涉及广泛的利益相关者，通过提出影响健康的途径，以及创建一个概念框架来进行调查。

评估结果 HIA分析了许多不同的健康领域（见图5.4），包括：

- 空气污染水平的变化（由空气资源委员会单独评估，不是HIA的一部分）；
- 行业转型立法可能导致的就业和收入的变化；
- 家庭能源成本的变化；
- 特定碳抵消项目的经济、环境和健康影响，例如林业项目和生物燃料；
- 从碳排放交易中获得的社区投资产生的健康影响。

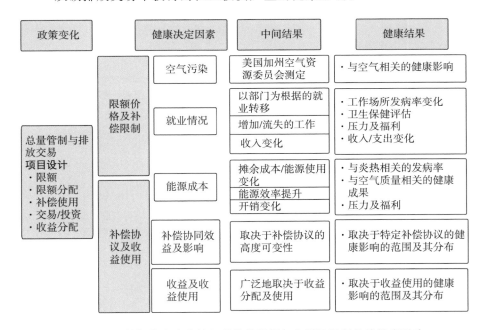

图5.4 利益相关方确定的与碳排放限额与交易计划相关的健康影响途径（California Department of Public Health，2010）

总体来说，评估结论是，审查的任何领域都不会对健康产生重大影响，但对低收入人群的劳动力需求和能源成本变化可能产生轻微的负面健康影响。潜在的轻微积极健康影响包括由于就业转向更安全的行业而减少的职业

伤病、收入增长，以及住宅能源消耗减少导致的空气质量改善。评估中检查
了四个不同的碳抵消计划，发现四项计划均能减少温室气体排放从而改善环
境条件，并都将对健康产生积极的影响。图 5.5 显示了其中一个碳抵消计划
（林业项目）的预期效果。该项目鼓励种植树木，并在私人和公共土地上实
现更好的林业管理。虽然对正面和负面的健康影响都进行了预测，但林业项
目的最终影响是正向的。

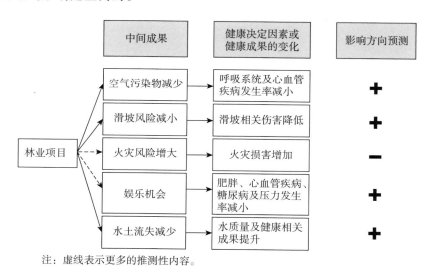

注：虚线表示更多的推测性内容。

图 5.5　　林业项目对碳抵消潜在健康影响的总结
（California Department of Public Health，2010）

除上述国家级分析之外，社区评估也未被忽略，这是为了防止该法案的
有益成果在地理上分配不公并且可能会在某些地方产生排放热点的现象。在
威尔明顿 - 海港城 - 圣皮埃尔（WHCSP）、里士满和圣华金谷三个社区都进
行了更详细的研究。前两个社区长期存在以工业污染严重、空气质量差和健
康不平等为特征的环境历史。这三个社区的特点都是社会经济脆弱、人口不
断增长。在 HIA 中，相关人员衡量了社区健康结果（死亡率、慢性疾病流行
率）、社区特征、邻里资源（公园、健康食品、保健的便利性）和环境质量
指标。这一评估建议制定监测制度，将计划效益（货币和环境效益）重点转
向弱势社区，并采取减缓战略以稳定这些社区。

HIA 全面分析了限额与交易计划在多个层面的潜在健康影响，特别强调了弱势社区。咨询建议中提出了若干措施，将方案的收益重新转向对公共健康项目的投资，从而在改善健康和经济成果之间建立了直接联系。

案例四

案例名称：能源成本和低收入家庭能源援助计划的儿童 HIA

负责机构：波士顿儿童健康影响工作组

年份：2006

地点：马萨诸塞州

评估的项目、计划或政策　低收入家庭能源援助计划（LIHEAP）是在 1981 年创建的一个由联邦资助的计划。由于许多低收入家庭将不少资金用在购买能源上，该计划旨在向他们提供采暖、制冷和防寒保暖援助。家庭是否符合援助计划的要求基于两个方面，一是财务，二是家庭中是否有社会弱势群体（幼儿、残疾人和老年人）。2006 年，马萨诸塞州约 14 万户家庭获得了 LIHEAP 援助。

HIA 的目的　2004 年，来自波士顿大学医学院、波士顿大学公共卫生学院、布兰迪斯大学、波士顿儿童医院、哈佛医学院、哈佛公共卫生学院和波士顿马萨诸塞大学的专家们组成了跨学科专家小组，制定了儿童健康影响评估策略（CHIA）。CHIA 的目标是审查政策、法规等对儿童健康和福祉的影响，特别是传统公共健康和卫生政策以外的领域。CHIA 评估了能源成本上升对低收入家庭儿童的健康影响以及 LIHEAP 带来的影响。

受影响群体　马萨诸塞州全境约 40 万名低收入家庭的儿童。

方法　范围界定和评估过程主要由专业人士参与，通过广泛的文献回顾和关键利益相关者访谈收集数据。评估的第一步是收集数据，为政策制定者提供可量化的客观证据，了解能源成本对儿童的潜在健康影响。数据来源包括学术研究、政府数据库、宣传网站和关键利益相关者访谈。以 LIHEAP 和家庭能源成本对儿童基本需求（如获得保健、教育、住房、营养和安全）的影响等主题进行了广泛的文献回顾。通过对在能源援助领域拥有丰富经验、知识和专长的关键利益相关者的访谈，进一步加强了这一实证基础。这些关键的利益相关者包括国家和州级的 LIHEAP 计划官员、社区行动团体和能源倡导者。他们的看法和经验为研究健康决定因素与能源援助之间的联系提供了更广泛的视角。

评估结果　HIA 描述了健康风险与能源价格的四种相关性。

- 低收入家庭在能源成本上花费较高，这导致他们要在家庭预算上进行取舍，减少其他基本需求，如食品、医疗保健或租金/抵押贷款。相关的健康后果包括食物不安全和儿童身体与认知发展不良。这些家庭预算的权衡结果可能会危害儿童健康，同时破坏家庭稳定。

- 低收入家庭在面临高能耗成本的情况下，会采取更危险的室内采暖形式，诸如煤油取暖器和壁炉等热源，这会增加灼伤、一氧化碳接触和火灾危险，危及儿童健康。

- 能源的高成本对低收入家庭造成严重的预算限制，迫使他们生活在便宜、不达标的住房条件下。这可能会导致儿童面临来自啮齿类动物、霉菌和铅漆等危险环境的健康风险。

- 能源价格与 LIHEAP 补贴之间日益扩大的差距使越来越多的家庭无法支付水电费，有可能导致拖欠水电费和断水、断电情况，进一步危害儿童健康。

该分析明确了通过及时的政策干预，可以预防能源成本过高带来的潜在健康后果。其建议包括增加援助资金、变更方案和收集系统数据。

援助建议包括联邦最高法定授权的 50 亿美元 LIHEAP 计划，并且使更多马萨诸塞州低收入家庭参与进来，同时提高福利水平。

方案建议包括聘请临床医生和保健机构监测儿童以及弱势群体与能源相关的健康风险，提高 LIHEAP 专业人士的参与度，并缩短已经登记、等待援助家庭的等候时间。

其中，特别重要的是收集关于 LIHEAP 计划拖延和中断，以及其有效性趋势的数据。CHIA 建议使用现有手段，例如由能源援助司开展的"家庭能源安全隐患程度调查"和国家能源援助协会（NEADA）的拖延及中断数据的收集模版， 以跟踪监测弱势家庭中能源的自给自足水平， 同时对经济或自然紧急情况及其对能源价格的影响做出应对。

总的来说， CHIA 没有针对传统的健康政策议题进行评估， 而是聚焦于能源成本， 同时还选用了更小的弱势群体——儿童作为影响对象， 是一个非常独特的评估案例。 根据评估中所明确的健康影响情况， CHIA 也给出了与之紧密联系的有效建议 （Smith et al. ， 2007）。

参考文献

California Department of Public Health. 2010. Health Impact Assessment of a Cap-and-Trade Framework. http：//www. arb. ca. gov/cc/ab32publichealth/cdph_final_hia. pdf . Accessed 18 June 2013.

Human Impact Partners. 2009. A Health Impact Assessment of the Healthy Families Act of 2009： Maine Addendum. http：//www. humanimpact. org/doc-lib/finish/5/70 . Accessed 18 June 2013.

Ross， C. ， Leone de Nie， K. ， Barringer， J. et al. 2007. *Atlanta BeltLine Health Impact Assessment*. Center for Quality Growth and Regional Development， Georgia Institute of Technology， Atlanta.

Ross， C. ， Leone de Nie， K. ， Dannenberg， A. et al. 2012. "Health Impact Assessment of the Atlanta Belt-Line." *Am J Prev Med* 42 （3）： 203 – 213.

Smith， L. A. ， Flacks， J. ， Harrison， E. 2007. Unhealthy Consequences： Energy Costs and Child Health， a Child Health Impact Assessment of Energy Costs and the Low Income Home Energy Assistance Program. http：//www. healthimpactproject. org/resources/document/massachusetts-low-income-energyassistance-program. pdf. Accessed 18 June 2013.

第六章
国际案例研究

摘　要：　本章主要讨论欧洲、南美洲、非洲、亚太地区以及加拿大健
康影响评估（HIA）发展背后的驱动因素。例如，许多欧洲国
家率先引入并发展 HIA。如今，HIA 已牢牢地建立在这些国家
的决策框架中。在南美洲和非洲，HIA 主要由几个重要的银
行推动，通常被纳入环境、社会和健康影响评估中。在亚太
地区，泰国和蒙古国等国家率先将 HIA 纳入当地环境影响评
估要求之中。本章通过对欧盟、莫桑比克和新西兰三个 HIA
案例进行研究，突出 HIA 方法的多样性。案例一突出了评估
泛欧洲发展战略潜在健康影响的 HIA。案例二探究了莫桑比
克楠普拉省一个水坝重建工程的影响。案例三则探究了新西
兰一处郊区土地使用框架的提案，重点研究了当地毛利人受
到了怎样的影响。通过研究世界其他国家的案例，我们可以
更好地理解美国 HIA 的角色和发展轨迹。①

关键词：　监管环境；哥德堡 HIA 框架；制度化；欧洲就业战略；基础
设施项目；国际金融公司；空间结构；城市设计

---

①　C. L. Ross et al. , *Health Impact Assessment in the United States*，DOI 10. 1007/978 - 1 - 4614 -
7303 - 9_6，© Springer Science + Business Media New York 2014.

世界各国开展健康影响评估 （HIA） 的方式不尽相同。一些因素造成了这种不同，例如各国监管环境存在的差异，居民健康和规划在政策制定时的权重，通过不同方式将健康纳入决策的程度，以及因现存人际关系和当地特有环境而产生的新问题。

一些学者认为全球 HIA 有两条发展路径 （Krieger et al. ， 2010）。第一条发展路径是公共领域 HIA。这一路径基于国家、地区或当地政策，以及基础设施或项目。公共领域 HIA 从 1999 年的哥德堡 HIA 框架发展而来，重点关注公共健康的社会决定因素。几乎所有已经实现工业化的国家都会开展公共领域 HIA （Erlanger et al. ， 2007）。第二条发展路径是旨在帮助私有领域决策的 HIA。此类评估通常在大型工业开发工程中实施，常见于发展中国家，并且经常融入 EIA 之中。

但是，有些学者认为此区分是一种错误的二分法 （Vohra et al. ， 2010）。他们提出，公共领域和私有领域 HIA 的界限是模糊的，并且这两种研究方法也是兼容的。Harris-Roxas 基于实施目标的共性，总结了当前国际实践中四种不同形式的 HIA：强制执行的 HIA、决策支持的 HIA、宣传型 HIA 和社区引导 HIA （Harris-Roxas and Harris， 2011）。许多区域内会出现不止一种 HIA。至于哪一种在其中起主导作用，主要由 HIA 实施的环境决定。

以下介绍了 HIA 如何在不同地区和国家发展起来。

HIA 区域概览

欧洲

一些欧洲国家，尤其是英国和荷兰，是最早开展 HIA 的国家。许多为公共领域 HIA 实践建立基础的重要文件，如 《哥德堡共识声明》 （European Centre for Health Policy， 1999），由欧洲早期的实践国以及世界卫生组织欧洲办公室制定。目前， HIA 已在爱尔兰、芬兰、瑞典、瑞士、西班牙、英国和荷兰牢牢地建立起来。在过去十年，欧洲国家针对工程或政策开展了大量的HIA，重点关注健康不公平、气候变化和可持续议程。在欧盟，EIA 和战略环境评估属于强制命令，但是 HIA 在环境评估程序中尚未制度化。从国家层面来讲，HIA 的开展一般会脱离环境评估程序，包含如下主题：城市重建/改造工程、政府战略、交通政策和社会项目。近年来，包括瑞士和荷兰在内的很多国家用一个更为宽泛的以政策为基础的议程来代替以项目为基础的HIA，着重强调将健康融入所有政策。在芬兰，人类影响评估（HuIA）已成为一种将社会和健康影响结合在一起的评估方式。2012 年，社会和健康主管部门开展了将近 50 次的人类影响评估。

南美洲和非洲

在南美洲和非洲，HIA 主要由几个重要的银行推动实施，包括国际金融公司、美洲开发银行、非洲开发银行以及其他银行（IFC，2012；African Development Bank，2003）。这些银行在借款政策中加入 HIA 要求。但是，这些要求还远未在受资助的项目中得到普遍实施。那些在南美洲和非洲实施的HIA 更倾向于重要资源开发和基础设施项目，比如大型水坝或矿场的建设。此类 HIA 通常被纳入环境、社会和健康影响评估（ESHIA）之中，或者跟其他环境或社会经济评估活动共同进行（虽然 HIA 独立于这些活动）。防止疟疾和艾滋病等传染病扩散或许是开展 HIA 的最初动力。这些疾病对当地造成了重大破坏，与资源开发活动紧密相关。

亚太地区

正如南美洲和非洲那样，重要银行会影响 HIA 在重大开发项目上的实施，比如老挝的南屯河第二大坝。但是，在外部要求之外，一些国家也独立开展了自己的 HIA。在泰国，国家健康委员会在 2009 年实施 HIA 机制，要求此类评估应在多种类型的资源开发项目中实施，包括矿产、大坝、发电厂和垃圾填埋项目（Health Impact Assessment Coordinating Unit，2010）。但是，这项要求在 2010 年稍稍放宽，允许一些项目在不开展 HIA 的情况下推进。

有趣的是， 在泰国， HIA 将文化、 精神和历史看作健康和幸福的重要方面，同时， 这些因素也被纳入国家 HIA 框架中。 HIA 的建构也在老挝、 柬埔寨和蒙古国政府开展 （Harris-Roxas， 2011）。 澳大利亚和新西兰在使用 HIA 鉴定政府政策和项目方面经验丰富， 背后主要的驱动力是担心健康不公平 （通常发生在原住民间） 和健康城市规划。 这两个国家已在国家、 区域和地方层面开展了大量的 HIA。 在澳大利亚， 这一进程最初是作为 EIA 的一部分开展的 （Harris and Spickett， 2011）。 此后， HIA 被有意扩展， “政策 HIA” 也更受关注。 澳大利亚的两个洲——新南威尔士州和维多利亚州， 为 “将健康融入所有政策” （HiAP） 开发了新方式， 通过利用联合和跨部门的方式， 将健康纳入政府政策制定中。

加拿大

加拿大开展 HIA 的历史十分悠久。 1993 年， 加拿大不列颠哥伦比亚省首次针对公共政策发展强制要求进行 HIA （见第十六章有关不列颠哥伦比亚省提案为何失败的讨论）。 目前， 在魁北克省， HIA 已经作为省级政策确立下来。 在这一过程中， 魁北克省旨在让健康和其他因素一样拿到桌面上来讨论。 加拿大的其他省份也在考虑采用类似的模式。

案例研究

以下三个案例在范围、 方法和侧重点方面差异很大。 我们选择这些案例是为了展示各国实践的多样性。

案例一中的 HIA 针对欧盟一项就业战略展开。 该案例体现了以政策为基础的 HIA 面临的一些困难和挑战， 由于这次评估是在跨国环境下展开的， 这些阻碍也更为突出。

案例二中的 HIA 针对莫桑比克一个大型大坝工程展开。 该评估遵循 IFC 准则， 在很多方面是在发展中国家私有领域针对资源开发工程评估的典型。

案例三中的 HIA 针对新西兰一个土地使用规划展开。 尽管案例三与美国土地利用规划 HIA 都关注很多相同的与健康相关的问题，但是案例三更为有趣。因为它使用的方法（the Whanau Ora HIA guidance）是专为新西兰独有的毛利文化制定的（Ministry of Health，2007）。

案例一

案例名称：欧洲就业战略 HIA

负责机构：国际健康影响评估联盟（英国利物浦大学）、公共卫生研究所（爱尔兰）、国家公共卫生和环境研究所（荷兰）

年份：2004

地点：欧盟

评估的项目、计划或政策 欧洲就业战略（EES）旨在提高欧盟 2005～2010 年的就业率，同时提高社会凝聚力、包容度、生产力和有效工作产出。不仅如此，它还计划增加更多的长期工作岗位并鼓励人们创业。

HIA 的目的 此次 HIA 是欧盟政策 HIA 的一部分，受欧洲委员会资助。其目的在于试行当时相对较新的欧盟政策 HIA（EPHIA）方法。

受影响群体 此项政策影响广泛，可能影响在欧盟居住和工作的所有人，总人口接近 3.8 亿。但是此项政策针对性强，主要目的在于改善特定群体（女性、老年人和少数民族）的就业条件和前景，因为这些群体在劳动力市场上未得到充分代表。

方法 此项 HIA 采用筛查、范围界定、评估、建议、报告、评价和监测等标准步骤。评估信息的来源如下：

- 已有数据；
- 从特定利益团体和专家处得来的原始数据；
- 对相关文件的分析；
- 相关文献回顾；
- 政策对病假天数影响的数学模型。

评估结果 针对此项评估，作者研究了与该项政策中特定对象相关的三个潜在影响。

- 增加就业、减少失业；
- 增加弹性劳动力市场（兼职和合同工作）；
- 活跃劳动力市场（可就业人数）。

这三个方面均会造成包括死亡率、幼儿保健、与健康相关的旷工在内的健康数据、生物物理健康的变化，以及与健康相关的行为（如抽烟行为增加，体育活动减少）、心理健康、健康服务使用、食品安全和社会凝聚力的变化。

案例评估摘录：增加就业、减少失业　表 6.1 是 HIA 关于欧洲就业战略引起的就业增加带来的潜在健康影响的结论。以下对此进行了补充解释。

任何就业增加都会为整体人口的健康带来积极影响。Brenner（2002）通过建立有关国内生产总值和就业增长 2 ~ 14 年后的失业 - 国内生产总值模型，预测了欧盟全因死亡率的降低。人们认为，出现这种现象的原因主要是国内生产总值增长带来的人均收入增长。心理健康情况也可能有所改善。美国的情况表明，如果父母摆脱失业开始就业，从而增加家庭收入、改善家庭环境，那么孩子的健康可能短期或长期受益（例如，Hurston，2003；Morris et al.，2001）。但是，文献、利益相关者和关键信息也表明，并不是所有的就业都有益于健康。有些工作的特性对健康的影响堪比失业。从事工资低、稳定性低等低质量工作的员工与失业人员的健康得分相近（Burchell，1996）。美国的情况同样表明，如果父母摆脱失业开始就业，但是家庭收入并未增加，同时工作质量低、前景渺茫，那么孩子的认知、情感和行为发展将受到消极影响（Hurston，2003；Yoshikawa et al.，2003）。虽然欧洲就业战略旨在提高工作质量，有些证据，如工伤发生率，表明工作质量有所提升，但有些改善是不明显的，例如工作相关疾病发生率趋势，有些则是下降的，例如工作相关压力发生率趋势。有关"工作质量"指标（Commission of the European Communities，2001a）的发展大受欢迎。此类总结陈述，以及总体

就业质量指数的发展，都对工作质量提升的监测工作十分重要。（IM-
PACT Group et al. , 2004）

表6.1 欧洲就业战略引起的就业增加带来的潜在
健康影响（IMPACT Group et al. , 2004）

	潜在健康影响	趋势/程度	可能性
欧盟内部	全因死亡率降低（2～14年之后）	有益健康/中	很可能
	心理健康状况改善	有益健康/低	可能
	就业家庭中儿童短期/长期健康受益	有益健康/低	不一定
成员国	成员国将继续提高就业水平，但是有些国家的提升率低于其他国家；欧洲就业战略不太可能影响成员国之间在健康方面的不平等	未改变	可能
女性	女性就业将继续增加，但是欧盟内部女性就业方面的增长情况不同；欧洲就业战略不太可能影响成员国之间在女性健康方面的不平等	未改变	可能
老年人	老年人就业水平将继续上升，但是欧盟内部在老年人就业方面的增长情况不同；欧洲就业战略不太可能影响成员国之间在老年人健康方面的不平等	未改变	可能
工作质量	有些工作质量指标，如工伤，表明欧盟工作质量的提升会引起生产力的提升和健康状况的改善	不益健康/低	不一定
	工作质量的其他指标，如工作相关压力，表明工作质量的恶化会导致不良健康状况	有益健康/低	不一定
	工作质量低，包括低工资，和失业的结果一样；欧洲就业战略不太可能影响工作质量	不益健康/低	不一定
社会凝聚力	社会凝聚力提升带来很多健康益处：过早死亡率降低、疾病预防、心理健康水平提升	有益健康、不益健康/低	可能

案例二

案例名称： 纳卡拉大坝 HIA

负责机构： 纽飞尔公司

年份： 2010

地点： 莫桑比克楠普拉省

评估的项目、计划或政策 纳卡拉大坝是莫桑比克纳卡拉市的主要水源。但是，由于大坝底部排放口塌陷，纳卡拉大坝不能再满足纳卡拉市当前或未来的用水需求，修复和重建大坝的基础设施工程由此提出。工程整体包括修复和抬升大坝外墙、抬升泄洪道、修改线路以及为上述活动准备材料。

HIA 的目的 此项 HIA 实施的目的在于让工程符合国际金融公司的要求，因此采用了国际金融公司特定的实践方法。

受影响群体 在大坝附近居住的人口构成了潜在受影响群体，因为他们可能会受到大坝修建活动的影响。这些当地居民（包括 17 个受大坝建设影响的家庭），以及大坝脚下和大坝外墙下游的居民都将受到重新安置。

方法 此项 HIA 包含系统的文献回顾、工程文件回顾、其他领域相似工程的回顾、由调查采访和评估通知构成的实地考察，以及开发建议。

评估结果 按照国际金融公司指导意见（IFC，2009），此项评估考虑了如下 12 个具体的"环境健康领域"：

（1）与住宅设计相关的传染疾病；

（2）与病媒相关的疾病；

（3）与土地、水和垃圾相关的疾病；

（4）性传染病；

（5）与食品和营养物相关的问题；

（6）非传染性疾病；

（7）意外事故/伤害；

（8）与动物相关的药物和动物传染病；

（9）潜在危险物质、噪声和空气污染；

（10）影响健康的社会决定因素；

（11）文化健康实践/传统药物；

（12）健康系统问题。

案例评估摘录：与病媒相关的疾病 如下所示，评估部分讨论了疟疾，描述了当前围绕疟疾展开的实践（在报告的基础部分有详细描述），讨论了大坝工程经过的通道可能提高或降低当地人口的疟疾发生率，呈现了使用或不使用减轻措施引起的与工程相关的疟疾风险模型，同时也提出了降低疟疾风险的建议。

疟疾是地方流行病，也是公共健康的最大威胁。它是工程建设区最常见的就诊原因，同时也是造成死亡的最重要原因。虽然疾病知识和诊所数量还算充足，但是传统药物在有效治疗方面起到的是阻碍作用。由于蚊帐数量不足，疟疾预防工作有限。纳卡拉港已将疟疾防控专项活动与室内滞留喷洒结合起来。这一方法还未扩展至纳卡拉－贝拉。医疗保健服务则较为充足。该工程将影响本地区的疟疾传播风险，原因如下。

- 大坝外墙周围的建设活动很可能通过环境变化造成积水，并在建设区形成疾病繁殖区。这种情况的地区性极强。

- 与当前情况相比，由大坝外墙整修造成的水面面积增加，不会产生较多的疾病繁殖区。但是，可能扩大病菌的潜在影响范围，使更多的人受到蚊子威胁，这些蚊子都滋生于大坝。大坝上游附近居民可能受到更为严重的影响。蚊子飞行范围和水库潜在危险区解释了这一现象。

- 与大坝相关的不同种类的疟蚊的病菌繁殖方式会有细小的变化。大坝岸边以及上游地区植被的增加，可能造成病菌繁殖地的增加。

- 一项重要研究得出结论，与大坝项目相关的疟疾传播，总体上并未产生消极影响，尤其是在同时出台防控项目的情况下。研究中总结了疟疾传播关系图。根据这一关系，如果工程实施防控措施，则可以大大减小疟疾传播范围。

- 如果大批人口迁入，这些收益则会减少。根据工程的规模和时间跨度，这点不太可能发生。临时住房和混乱的规划将会改变环境，从而为传播媒介提供生长环境，有限的公共服务更加剧了这一问题。同时迁入的人流也将增大疟原虫带来的压力。

重要性阐述：中等

影响	效果				总分	总体意义	PAC
	时间尺度	空间尺度	影响重要程度	风险或可能性			
没有减轻	短期	研究区域	严重	可能引起危险	9	中等	1－2
没有减轻	短期	当地	实质利益	很有可能引起危险	9	一般受益	1－2

注：PAC = 潜在受影响群体。

降低工程影响

● 在居住地开展寄生虫患病率基线调查。最佳调查时间是雨季的末期，而且必须在其他年份的相同时间开展调查，以保证比较的持续性。这将决定居住地的疾病负担，同时也可作为监控疾病影响和干预的指标。

● 以社区为基础的同龄健康教育者对针对居住地、学校甚至传统医生的信息、教育和沟通（IEC）项目进行支持。

● 将纳卡拉港的综合病媒控制活动扩展到项目现场，以保证任何潜在影响都受到掌控。参与国家疟疾控制项目，将疟疾联盟看作一个积极的非政府组织。

● 制定疟疾工作场所的政策，其中包含防控意识、防蚊叮咬、药物预防和医疗管理。

● 有限的病媒体控制活动应在建筑工地开展，以阻止病媒体滋生。这些活动应包括杀虫和室内滞留喷洒。不建议使用制雾机大范围喷洒。（NewFields，2010）

案例三

案例名称：威里空间结构设计 HIA

负责机构：曼努考市议会派出的健康城市团队、城市设计团队（受协同

HIA 顾问的支持）

年份：2010

地点：新西兰曼努考

评估的项目、计划或政策　此项 HIA 的分析对象为针对曼努考市郊区威里提出的"空间结构"（城市设计）。该空间结构包括一整套市政规划，涉及街道、开放空间和交通走廊等方面。其中包含一些土地利用方面的变化，如建设国家高速公路，采取新举措增加住房单位和人口密度，建设新的教学园区、火车站、酒店、图书馆和停车场，以及构建广泛的道路系统以连接社区。

HIA 的目的　此项 HIA 由曼努考市议会发起，旨在兑现其 2007 年的承诺，改善城市的社会和物质条件，促进所有群体的健康和幸福。

受影响群体　威里地区的人口增长迅速，目前大约有 4280 人。从民族构成上来看，大部分居民（52%，其中毛利人占 26%）是太平洋岛民，欧裔（22%）和亚裔（12%）居民比例较小。该地区人口年龄较小，25 岁以下的人口占比略高于 50%，而就全国来看，这一比例仅为 35%。威里地区贫困率和失业水平高，居民往往收入较低。近 80% 的人口居住的社区属于新西兰最贫困的区域之列。

方法　此项 HIA 遵循筛查、范围界定、评估和报告的标准步骤。同时对三类深受影响的特殊人群（毛利人、儿童和青年、老年人）进行了深入的访谈。整个评估过程所确定的潜在影响不仅是针对威里地区的全部人口而言的，同时也是针对这三个特定人群子集而言的。

评估结果　此项 HIA 分别从每一个特定人群子集及全部人口的角度出发，对四个健康相关领域的潜在影响进行评估：

- 可获得性；
- 住房；
- 安全；
- 经济潜力。

案例评估摘录：安全　图 6.1（来源于 HIA 报告）展示了该项新计划将

如何对威里地区的安全产生影响。其中四个圆圈代表了可能受到影响的关键安全因素：犯罪、由汽车主导的环境、城市基础设施质量（如人行道和夜间照明），以及家庭和残疾人友好型设计。圆圈外的词表示将对这四个安全区域中的一个或多个产生影响的元素。虚线箭头表示，一个元素的增多会导致箭头另一端的元素增多（例如，更多的酒精会导致更高的犯罪率）。实线箭头表示，一个元素的减少会导致另一个元素减少（例如，限速可以降低由汽车主导的环境中的风险）。

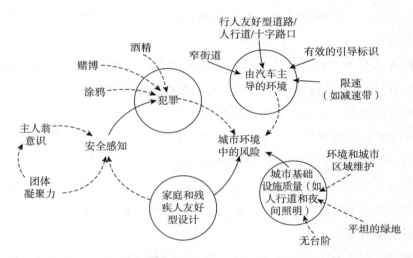

图 6.1　威里空间结构设计的积极和消极影响（Manukau City Council，2010）

如图 6.1 所示，威里空间结构设计对安全问题既没有积极的"净效应"也没有消极的"净效应"。设计中的不同因素将提高或降低安全水平。HIA的作用是鉴别潜在坏处或好处会在哪里显现，从而提出正确的减轻或增强措施。

根据评估结果和相关利益集团的参与，本 HIA 最主要的特点是提供了许多建议，帮助空间结构设计提高安全性。这些建议包括：

• 设计的出发点是人而不是车，例如，建设宽人行道，缩小街道的宽度，以减缓车辆速度；

• 设计既包括居住开发，也包括商业开发，以保证从白天到晚上都有活动；

· 鼓励"步行巴士"出行方式，以保证儿童上学路上的安全；

· 提高威里的文化相关性，促进人们的自豪感和主人翁意识，减少犯罪。

利益相关者提供的建议包括使用具有创意、多彩、灵活的文化设计，安装多语种标识，在环境建设中融入毛利历史文化，这些都能降低犯罪率和涂鸦率。

参考文献

African Development Bank. 2003. Integrated Environmental and Social Impact Assessment Guidelines. http://www.afdb.org/fileadmin/uploads/afdb/Documents/Policy-Documents/Integrated% 20Environmental% 20and% 20Social% 20Impact% 20Assesment% 20Guidelines. pdf. Accessed 18 June 2013.

Erlanger, J. E., Krieger, G., Singer, B. H., Utzinger, J. 2007. "The 6/94 Gap in Health Impact Assessment." *Environ Impact Asses* 28 (4 – 5): 349 – 358.

European Centre for Health Policy. 1999. *Gothenburg Consensus Paper*. World Health Organization Regional Office for Europe, Brussels.

Harris-Roxas, B. 2011. "Health Impact Assessment in the Asia Pacific." *Environ Impact Asses* 31 (4): 393 – 395.

Harris-Roxas, B., Harris, E. 2011. "Differing Forms, Differing Purposes: A Typology of Health Impact Assessment." *Environ Impact Asses* 31 (4): 396 – 403.

Harris, P., Spickett, J. 2011. "Health Impact Assessments in Australia: A Review and Directions for Progress." *Environ Impact Asses* 31 (4): 425 – 432.

Health Impact Assessment Coordinating Unit. 2010. *Thailand's Rules and Procedures for the Health Impact Assessment of Public Policies*. National Health Commission Office, Thailand.

IMPACT Group (University of Liverpool, UK), Institute of Public Health (Ireland), and RIVM (Netherlands), IOEGD (Germany). 2004. Policy HIA for the European Union: A Health Impact Assessment of the European Employment Strategy Across the European

Union. http：//ec. europa. eu/health/ph_projects/2001/monitoring/fp_monitoring_2001_a6_frep_11_en. pdf. Accessed 18 June 2013.

International Finance Corporation. 2009. *Introduction to Health Impact Assessment.* International Finance Corporation, Washington, DC.

International Finance Corporation. 2012. *Overview of Performance Standards on Environmental and Social Sustainability*, Effective 1 Jan 2012. International Finance Corporation, Washington, DC.

Krieger, G. R. , Utzinger, J. , Winkler, M. S. et al. 2010. "Barbarians at the Gate： Storming the Gothenburg Consensus. " *The Lancet* 375 （9732）： 2129 – 2131.

Manukau City Council. 2010. Wiri Spatial Structure Plan HIA. http：//www. apho. org. uk/resource/item. aspx? RID = 101558. Accessed 18 June 2013.

Ministry of Health. 2007. *Whanau Ora Health Impact Assessment.* New Zealand Ministry of Health, Wellington.

NewFields. 2010. HIA of the Nacala Dam Infrastructure Project. http：//www. terratest. co. za/files/downloads/Nacala% 20Dam/EIA% 20to% 20PDF/Appendix% 20I/Nacala% 20Dam% 20Health% 20Impact% 20Assessment% 20 – % 20% 20June% 202010. pdf. Accessed 18 June 2013.

Vohra, S. , Cave, B. , Viliani, F. , Harris-Roxas, B. , Bhatia, R. 2010. "New International Consensus on Health Impact Assessment. " *Lancet* 376 （9751）： 1464 – 1465. （author reply 65）

第三部分

应用学习：实施 HIA

第七章
筛查

摘　　要：　本章描述了健康影响评估（HIA）过程的第一步，即筛查。筛查的主要目的在于确定是否有必要进行 HIA。筛查包含对政策、计划或项目的潜在不利和有利健康影响进行快速评估，以确定其是否需要 HIA，以及可能需要多少投入。筛查也可以作为二级结果，提供 HIA 过程需要的有价值的信息，或者可以独立地帮助描述提案对健康的潜在影响。将审查清单纳入筛查过程可能是开展此项活动的有效方法。本章结尾阐述了 HIA 的筛查环节与下一步骤的区别。①

关键词：　筛查；资源；资金；清单；价值；监管要求；筛查报告

---

①　C. L. Ross et al. , *Health Impact Assessment in the United States*，DOI 10. 1007/978 - 1 - 4614 - 7303 - 9_7，© Springer Science + Business Media New York 2014.

筛查目的

筛查的主要目的是确定健康影响评估（HIA）对项目或政策是否适合、有用、及时，并确定 HIA 的进行是否能够得到保证。筛查涵盖判断组织的资源应如何使用以及 HIA 的结果是否有助于利益相关方的认知或决策过程。此外，筛查可以确定是否有需要考虑的脆弱人群或地区，以及确认是否有需要解决的重要社区议题。

筛查的过程通常很快，一般为几个小时。该过程涉及审查项目或政策，以便初步判断是否可能影响健康决定因素或健康结果（有利或不利）；审查具体情况，以确定 HIA 是否可以提供新情报或为决策过程提供信息；审查现有资源，以确定是否有足够的时间、人力和资金来执行 HIA。框 7.1 中列出了有可能无法实施 HIA 的情况。

框 7.1　HIA 何时/为何会失效？

有时筛查的结果显示，HIA 在特定时间或特定项目、政策中是不必要的，或者没有效用。不实施 HIA 的原因是什么呢？

- 不能影响决策过程、可用时间太短或者没有机会对结果进行公开讨论。

- 可用资源有限，一项 HIA 只能选择一个可能的项目、政策进行。

- HIA 不太可能提出尚未被讨论的有关健康的新信息。

- 项目或政策不会影响健康决定因素或健康结果。

筛查的对象是什么？

任何对实施 HIA 感兴趣的机构或个人——无论是政府机构、社区团体、非政府组织（NGO）、开发人员还是其他机构或个人，都必须审查和筛选提案的质量，以决定是否进行 HIA。目前已经有大量方法来指导这一决策过程。

在瑞典和加拿大等，政府已经决定对所有新的公共政策进行 HIA 筛查。这种审查特定类别中所有材料的过程被称为"系统筛查"（Taylor et al.，2003）。虽然系统筛查是全面收集所有可能受益于 HIA 的提案，但它是一种资源密集型且非常耗时的方法，最适合既开展 HIA 又对拟议项目或政策有掌控权的大型组织。

然而，更常见的是，筛查针对特定机构或组织感兴趣的一些有限的项目或政策中的一部分。应该进行多少项 HIA 将取决于项目或政策的适用性以及可用于指导执行 HIA 的资源（人员、资金等）。

在许多情况下，筛查是在 HIA 实践者参与之前进行的。例如，可能有执行 HIA 的监管要求，或者公司可能决定进行 HIA 以了解企业风险和责任。如 Quigley 等人所述（2005）："HIA 一开始就进行筛查是非常少有的情况——大多是因为政治过程，或者由于当地的拥护者倡议，或者因为 HIA 有足够的资金。"

如何筛查

如第四章所述，HIA 的目标是检查拟议的项目、政策、计划或策略是否有意外的后果。筛查过程从审查已知情况（项目描述）开始。这些信息可能是公开的，然而，由于项目或政策通常处于早期阶段，对开展 HIA 感兴趣的组织可能需要与提出项目或政策的组织密切合作，以获得足够的信息。

随着掌握的有关项目、政策或方案信息的不断增加，将会成立一个小团队进行筛查。负责筛查的团队可能只有几个人，甚至一个人，关键在于要确保团队对项目细节有足够的了解，包括决策的过程和时间安排、HIA 如何进行、开展 HIA 可用的资源。在某些情况下，筛查小组包括来自可能受到影响的社区的代表、具有专业知识的人员，或对于 HIA 对象具有广泛或独特知识的人员。

如同 HIA 是一个灵活而系统化的过程，可以用多种方式来完成，筛查过程也可以根据不同层次使用不同的方法。

在美国使用筛查清单或标准化矩阵是相当普遍的做法。清单和类似的工具有助于"结构化、规范化并记录"决策过程（Cole et al.，2005）。下面列举了两个示例。图 7.1 显示了加州大学洛杉矶分校（UCLA）公共卫生学院教师开发的一个矩阵。该矩阵可以让用户通过一系列问题引导读者选择三个结果之一：不执行 HIA、进行快速 HIA 或进行全面的 HIA。图 7.2 显示了英国利兹市议会制定的筛查清单。该清单提出了类似加州大学洛杉矶分校矩阵中的许多问题，如确定政策或项目是否有可能对健康产生影响，HIA 是否可以进入决策过程，以及是否有足够的资源来执行 HIA。然而，利兹筛查清单没有提供关于是否应该进行以及应该进行什么级别的 HIA 的确切答案，相反，它只帮助从业者了解情况是否支持进行 HIA。

除了通过使用清单或类似工具进行审查之外，还可以通过由技术专家审查相关文献或流行病学数据进行筛查，作为"桌面模拟演习"（desk-top）过程。

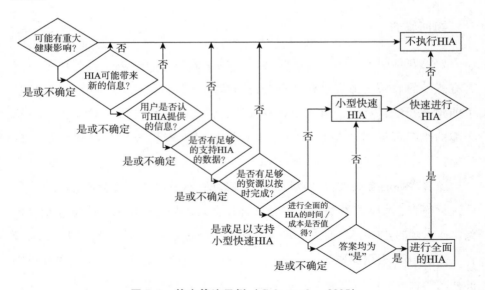

图 7.1 筛查算法示例（Cole et al.，2005）

倾向于使用 HIA	据你所知	倾向于不使用 HIA
是	开展 HIA 的资源是否充足？	否
是/不知道	与该活动相关的潜在健康影响是否可能很严重？	否
是/不知道	如果该活动不实施，相关潜在健康影响是否可能很严重？	否
否	该活动持续时间是否相对较短？	是
是	是否能够实行 HIA 提出的建议？	否
是/不知道	潜在健康影响是否对于脆弱、边缘或弱势群体影响更大？	否
是/不知道	社区是否有潜在的健康影响担忧？	否
是	是否有实证支持提出的影响？	否
是	从社团/环境服务优先级别来看，该活动是否重要？	否

图 7.2 筛查清单示例（Swift et al.，2007）

筛查过程中利益相关者的参与

在筛查阶段利益相关者过早地介入有时是合适的，但也并不总是这样。

利益相关者的参与是非常有用的，因为他们的参与往往能提供更具体的本地情况以及可能被忽略的多个观点，从而有一套有针对性的信息合集以指导 HIA（Harris et al.，2007）。利益相关者还可以对 HIA 的社区政治背景进行深入解读，并且对关于社区健康的关键信息以及相关风险和利益提出看法。这使后期的 HIA 更适合特定的情况，从而使其与决策的相关性更强（Joffe，2003；Milner et al.，2003）。提出更多内部问题，例如"谁决定 HIA 的目的"或"谁决定哪种方法最好"，也可以通过利益相关者的参与来探索（Joffe，2003）。

筛查阶段利益相关者的参与可以发挥能力建设的作用。对感兴趣的利益相关者、社区代表、专家和决策者进行开发特定筛查工具方面的培训，并对他们进行筛查过程的教育，使所有成员能够在 HIA 过程的早期达成共识，并开始对话（Elliott and Francis，2005）。

哪些利益相关方应该参与筛查阶段，这取决于 HIA 的主题及其背景，可能包括当地居民、非政府组织、地方政府代表或项目倡议者以及组织资助 HIA 的代表。然而，在范围界定阶段将参与的利益相关者控制在相对较少的数量，而不是在范围界定开始时就吸引广泛的利益相关者，这有助于确立易于管理的流程。

总的来说，不建议利益相关者参与筛查。例如，如果发起 HIA 的组织并不决定开展筛查提议的过程，那么利益相关者的参与可能会产生不切实际的期望，会适得其反，而不是促进其开展。

筛查还要做些什么？

除了实现确定是否应该进行 HIA 这一主要目的外，筛查过程还可以用于其他目的。

首先，可以使用筛查来确定实施 HIA 所需的数据和资源，例如所需的数据类型和深度以及基本的人力资源需求。健康不平等的初步鉴定——HIA 过程整体的价值所在——是许多筛查过程中的一部分。基于社会经济地位、种族、性别、地理或其他分类的差异分布可以帮助确定弱势群体，并指导进一步的评估程序，以更加重视这些群体（Harris-Roxas et al.，2004）。

其次，筛查也可能有助于清晰地了解拟议 HIA 的政治背景。例如，允许的透明程度、对 HIA 进程的支持程度以及 HIA 的监管环境等，这些政治层面的考虑对决定 HIA 应如何进行，以及如何将结果纳入决策过程都十分重要（Bhatia，2010；Taylor et al.，2003）。

最后，筛查过程有助于在决策过程中发现潜在机遇并将其纳入健康考虑。即使没有进行全面的 HIA，筛查也可以帮助确定政策/项目提案是否需要修改，以便减少潜在危害并增加潜在的健康益处（Harris et al.，2007）。

筛查过程的输出

筛查过程完成后将会生成一份筛查报告，以及关于是否继续进行 HIA 的建议。筛查报告还可能提供额外的细节，以帮助指导后期的 HIA，例如对顺利执行 HIA 所需的人力、数据和财务资源的实际评估。

　　如上所述，即使筛查的结果显示不建议进行 HIA，筛查报告本身仍然是一个有价值的工具。筛查报告可以提醒人们注意正在审查的提案对健康的潜在影响，并可以提出改变提案以改善相关健康状况的建议。

筛查与范围界定的混淆

　　最后一点，筛查和范围界定这两个步骤往往容易被混淆。筛查的主要目的是决定是否需要 HIA；范围界定的主要目的（如下一章所述）是确定用于开展 HIA 的方法。许多筛查过程也考虑了 HIA 的方法，包括检查哪一个健康领域，这也更容易导致混淆。然而，即使筛查过程产生的结果比是否进行 HIA 的建议更完善，但后者仍然是本步骤的基本目标。

参考文献

Bhatia, R. 2010. *A Guide for Health Impact Assessment.* California Department of Public Health. http://www.cdph.ca.gov/pubsforms/Guidelines/Documents/HIA%20Guide%20 FINAL%2010-19-10.pdf. Accessed 18 June 2013.

Centre for Health Equity Training Research and Evaluation, University of New South Wales, Sydney, Australia.

Cole, B., Shimkhada, R., Fielding, J., Kominski, G., Morgenstern, H. 2005. "Methodologies for Realizing the Potential of Health Impact Assessment." *Am J Prev Med* 28 (4): 382-389.

Elliott, E., Francis, S. 2005. "Making Effective Links to Decision-making: Key Challenges for Health Impact Assessment." *Environ Impact Asses* 25 (7-8): 747-757.

Harris, P., Harris-Roxas, B., Harris, E., Kemp, L. 2007. *Health Impact Assessment: A Practical Guide.*

Harris-Roxas, B., Simpson, S., Harris, E. 2004. *Equity Focused Health Impact Assessment:*

A Literature Review. Centre for Health Equity Training Research and Evaluation, Sydney, Australia.

Joffe, M. 2003. "How Do We Make Health Impact Assessment Fit for Purpose?" *Public Health* 117 (5): 301 – 304.

Milner, S., Bailey, C., Deans, J. 2003. "'Fit for Purpose' Health Impact Assessment: A Realistic Way Forward." *Public Health* 117 (5): 295 – 300.

Quigley, R., Cave, B., Elliston, K. et al. 2005. *Practical Lessons for Dealing with Inequalities in Health Impact Assessment*. National Institute for Health and Clinical Excellence, London.

Swift, J. 2007. Health Impact Assessment Toolkit for Public Health Practitioners—Blank Worksheets. http://www. apho. org. uk/resource/item. aspx? RID = 48983. Accessed 18 June 2013.

Taylor, L., Gowman, N., Lethbridge, J., Quigley, R. 2003. *Learning from Practice Bulletin: Deciding if a Health Impact Assessment is Required (Screening for HIA)*. Health Development Agency, London.

第八章
范围界定

摘　要：　本章描述了 HIA 的第二步——范围界定。范围界定为 HIA 的规划和执行提供了蓝图，同时也确定了可能出现的障碍和机会。范围界定过程包括明确 HIA 的管理和资源筹备问题，确定评估应包含哪些健康问题，决定用于分析影响的方法。本章通过三个案例展示了范围界定的不同方面，并做出了总结。①

关键词：　范围界定；管理；方法论；时间范围；地理范围；监督；健康影响评估项目小组；指导委员会；职权范围

范围界定的目的

范围界定的目的是在流程、方法和内容方面规划 HIA 的方法。范围界定可为实施 HIA 的其余步骤打下基础。虽然对于如何进行范围界定没有统一的模式，但是大部分 HIA 的指导文件认为：为了让 HIA 能够顺利进行，需要围绕一个中心来计划。

① C. L. Ross et al., *Health Impact Assessment in the United States*，DOI 10. 1007/978 - 1 - 4614 - 7303 - 9_8，© Springer Science + Business Media New York 2014.

如框 8.1 所示，范围界定阶段应解决以下三类问题。

HIA 管理——创建一个可以使 HIA 获得适合资源并顺利实施的流程，以及一个确保最终决策过程使用 HIA 结果的计划。

HIA 范围——确定 HIA 应该评估的健康问题，以及应该包含的群体和/或地理区域。

HIA 方法论——确定影响分析的具体方法：去哪里寻找信息、如何分析信息、如何概括影响的特征，以及如何使利益相关者参与 HIA 过程。

框 8.1　范围界定阶段应考虑的问题

HIA 管理

- 指导委员会的成员有谁？

- 谁将实施 HIA？

- HIA 可以使用的人力和资金资源有哪些？

- HIA 实施的时间线是什么？

- HIA 过程的可交付结果或成果是什么？

- 对于传播 HIA 结果有什么规划？

- 如何将 HIA 结果纳入决策过程？

- 如何评价 HIA 过程和 HIA 结果监控？

HIA 范围

- HIA 调查的健康问题是什么？

- HIA 涵盖哪些地理范围？有哪些潜在受影响群体？

- HIA 的时间范围（潜在影响起作用的时间段）是什么？

- 评估的备选方案是什么？

HIA 方法论

- HIA 使用的数据源是什么？

- 评估方法是什么？

- 利益相关者如何参与 HIA 过程？

HIA 管理

尽早建立一个精心设计的管理过程，对 HIA 的顺利实施以及 HIA 结果的成功执行十分重要。

通常情况下，应该设立指导委员会和 HIA 项目小组。指导委员会为 HIA 提供高水平监督和方向引导，HIA 项目小组负责评估每天的执行情况。

指导委员会十分重要，能够确保 HIA 的实施规划充分代表多方利益、满足计划和决策要求、在资助组织的授权和能力范围内，以及正确解决健康问题。委员会成员可以包括资助组织、代表市政府或区政府的利益相关者、当地公共卫生部门、项目支持者、团体或特殊利益集团及受影响居民。虽然筛查阶段仅涉及一小部分人，但是指导委员会的成员通常会更多。应该优化委员会的规模和构成，以代表多方利益，同时也使委员会更加灵活。HIA 的目的之一是为多方合作推动健康发展提供便利。为实现这一目标，指导委员会应与其他组织进行沟通并建立关系。

HIA 项目小组的构成也很重要。每个小组应该至少包含一个了解如何实施 HIA 并在这方面有经验的人，因为 HIA 的作用和结构与大部分其他类型的健康研究或报告差别很大。有一个在利益相关者管理方面具有经验的小组成员十分重要。此外，小组也应在健康相关研究和健康数据的收集与分析方面具有专业知识。最后，小组需要在受评估的具体健康领域具有或有条件获取专业知识。对有些 HIA 来说，项目小组成员可以来自资助组织内部，尤其是在资助组织是公共健康领域实体的情况下。在其他情况下，HIA 的专业知识由外部顾问提供。

HIA 管理还包括确定可利用的资源，包括人力资源、资金资源，以及 HIA 应该遵循的事件安排。这将决定评估的性质是桌面模拟演习、快速 HIA，还是全面的 HIA。

应该考虑 HIA 过程可交付的结果是什么。正如第十一章"报告和传播"讨论的那样，这些成果可以包括书面报告、公众演讲或其他成果。指导委员会可以（利用已有资源）对在不同团体和人群传播 HIA 成果的最佳方式提出建议，同时也应规划如何把 HIA 成果有效地传递给决策者。

范围界定阶段应该解决的最后一个管理问题是制定评价 HIA 的流程和监控 HIA 的计划，关于这点在第十二章和第十三章有所讨论。

HIA 范围

健康问题　范围界定的中心目标之一是确定 HIA 应包含的一系列问题。正如第七章所述，确定健康问题的过程可能与通常始于筛查阶段的项目/政策提议相关。在筛查阶段，确定健康影响的目的在于为是否进行 HIA 的决策提供信息。范围界定阶段仍要继续对问题进行确定。但是在此阶段，确定问题的目的在于统计一系列将在评估中出现的问题。

> 应考虑所有 HIA 可能包含的健康影响，而不仅仅考虑那些支持某个特定的立场的影响。

范围界定阶段开始的第一件事就是要确认所有可能受到评估项目/政策影响的健康结构和健康决定因素。在范围界定阶段的初期，不用去决定项目或政策是否会导致某个健康问题的出现，关键是要发现所有可能出现影响健康的问题的领域，并进行更深入的考虑和评估。在范围界定阶段尤其重要的是，不能为了支持某一特定观点而有意挑选将要评估的潜在健康影响。应考虑 HIA 可能包含的所有健康影响，而不仅仅考虑那些支持某个特定立场的影响。潜在问题的确定通常通过文献回顾、目标领域的专家建议、利益相关者建议，以及专业知识的应用来完成。

在潜在健康问题的确定过程中通常会出现很多健康问题——这些问题的数量很大，因此一个 HIA 无法涵盖所有问题。应该将列表缩减，只留下那些在 HIA 中最实际、成果最丰富的问题。大部分 HIA 集中在 4 ~ 12 个主要领域。对于如何将问题列表缩减至最终版本，并没有一个单一或主要的方法，但是，许多 HIA 的指导文件推荐把那些特别重要的问题放在前面（Bhatia et al.，2011；WHIASU，2012）。可以通过很多方法确定问题的重要性，例如问题可能带来严重的健康后果，或者对特定利益相关者来说具有特殊意义，又或者还未在项目讨论中提出过。想要确定哪些问题最为"重要"，就需要进行价值判断。因此，HIA 实践者应该注意公开透明地确认哪些健康问题重要或哪些不重要，最大限度地降低偏见出现的概率。

除了确定应该包含的健康问题，还应考虑其他可以作为 HIA 内容的因素。

地理范围和潜在受影响群体 HIA 的范围应确定 HIA 分析涵盖的地理范围，也就是可能受到影响的人口或社群。国际金融公司对 HIA 的指导文件使用了"潜在受影响群体"这一术语（International Finance Corporation，2009）。环境和社会经济影响评估通常指当地研究领域（LSAs）和区域研究领域（RSAs）。二者的区别在于 LSAs 更像直接受到影响，而 RSAs 则更像间接受到影响。我们应该牢记，并不是所有潜在受影响群体都会以相同的方式受到影响，每个群体都可能受到不同健康问题的影响。例如，在第六章"国际案例研究"的纳卡拉大坝工程案例中，居住在大坝附近的家庭是一个潜在受影响群体，他们可能直接受到大坝建造活动以及搬迁安置计划的影响。与之不同，另一个可能受到影响的群体是居住在大坝下游的居民，他们受影响的原因是水位和供电的改变。为了确定一个适当的 HIA 地理范围，项目或政策提议应该被仔细审议，研究区域将根据影响的形式和范围来确定。

时间范围 时间范围指将要考虑的健康影响的时间范围，例如，"在接下来的 5 年内"，或者"在接下来的 25 年内"。健康影响可能持续很长一段时间，但是它们的短期和长期表现通常有所不同，而且在长时间情况下会变得越来越难预测。对于工业项目提议，整个时间线通常包括建造、运行和停运阶段。

备选项目 HIA 应该对应与项目或政策相关的决定的做出方式。一般而言，当项目或政策处于提议阶段时，可选对象的范围已经缩小至几个备选方案。例如，对于一个高速公路改造工程，最后可能只有 3~4 个不同的备选方案；对于一项公共政策，只有"是"或"否"两个投票选择。HIA 应该确定一个可以在这些备选方案之间做出比较的评估方法。

有些 HIA 试图脱离之前确定的备选方案，最终受到了决策者的反对，因为他们认为这样的结果不利于决策。相反，一些 HIA 从业人员坚持认为，无论该建议是否符合决策框架，都应允许他们最大限度地代表利益相关者的健康利益。

HIA 方法论

最后，范围界定阶段应当对将要使用的评估方法做出规划。评估步骤在第九章有所提及，包括建立一个社区健康档案、使用各种证据评价或预测不同人口受到的影响、描述结果具有的特征。可以使用的方法包括文献回顾、关键信息输入、专家建议以及利益相关者建议。应当就如何确定和收集信息、如何衡量或评价相关证据，以及如何描述影响的特征建立一个最佳方法。同时，也应提前考虑 HIA 报告的结构和目录。

利益相关者的建议和合作者提供的关键信息构成了评估的主要信息源。第十四章详细描述了利益相关者的参与情况，但是范围界定阶段应包含一个完整的利益相关者参与计划：应邀请哪一个受影响群体参与其中？参与的方式是什么？如何将他们的观点纳入整个 HIA 过程和最后的报告中？如何确定不同利益相关群体的关键信息？如何寻求他们的建议？

范围界定的成果

范围界定阶段的成果通常是一个独立的报告。这份报告为 HIA 小组成员提供了一个在 HIA 实施的其余阶段所遵循的蓝图。

这份报告可能称作"范围界定报告"、"HIA 管理计划"或者"职权范围"。虽然这些名称的侧重点有所不同，但是它们的意义相近。"职权范围"是 EIA 过程中最常用的名称，通常代表 EIA 的预期目标。

范围界定报告十分重要，因为它系统整理了已做出的决定，可以使 HIA 顺利有效地开展，具有协议文件的作用，之后也可用来评价 HIA 是否实现了最初制定的目标。

除了一份独立的范围界定报告外，完整的 HIA 通常还包括范围界定过程和成果的摘要（见第十一章"报告和传播"）。

案例研究

案例一

案例名称：弗吉尼亚州谢南多厄河谷畜禽粪污能源化设施潜在健康影响
负责机构：弗吉尼亚联邦大学人类需求研究中心
年份：2013
地点：弗吉尼亚州

位于弗吉尼亚州西北部的谢南多厄河谷是一片农村区域，农业基础深厚。此项 HIA 的评估对象是将弗吉尼亚畜禽业的"粪污"转化成能源的设备的潜在健康影响。HIA 报告清楚地描述了研究小组和顾问小组的结构，以及利益相关者如何参与 HIA。

研究小组

主要负责 HIA 报告的是弗吉尼亚联邦大学（VCU）的人类需求研究中心（CHN）。CHN 是一个学术研究机构，主要研究与健康公平和决定健康的社会因素相关的问题。CHN 负责项目管理，保证利益相关者参与 HIA、制订分析计划、总结文献回顾并撰写 HIA 报告。CHN 与 VCU 的环境研究中心（CES）合作，CES 主要负责实施与评估阶段相关的空气模型，以及为解决环境相关问题提供指导。

顾问小组

为了得到更多的周期性反馈，并吸收当地利益相关者不同的观点，研究小组成立了一个 10 人顾问小组。他们每月印发通讯——《HIA 纪事》——使顾问小组获得最新的分析报告，并且每月组织电话会议，讨论 HIA 的进展情况。除社区居民外，顾问小组成员还包括以下群体的代表：

- 弗吉尼亚环境质量局 （DEQ）
- 弗吉尼亚农业和消费者服务局
- 切萨皮克湾委员会
- 谢南多厄河谷电视网
- 美国国家公园管理局
- 谢南多厄河谷保护会

利益相关者的参与

范围界定阶段的一个关键环节是确定利益相关者， 使他们参与 HIA。 这些利益相关者作为提倡者或政策制定者， 可能受到决定的影响， 也可能影响结果。 DEQ 在 2011 年针对畜禽粪污能源化建立了一个顾问小组。 这个顾问小组的成员有来自国家和州政府机构、 顾问公司、 弗吉尼亚主要的电力公司、 建造此类设备的科技公司、 大学等的利益相关者。 他们在一开始便被告知， HIA 的主题是制造畜禽粪污能源化设备。 顾问小组的成员受邀参加由人类影响合作组织举办的 HIA 实施培训会。 为了从更多人那里获得反馈， 2012 年 3 月 30 日在弗吉尼亚的新市场召开了一个长达 4 小时的公开会议， 听取了相关社区居民和组织对大型畜禽粪污能源化设备重要健康影响的意见。 根据会议的反馈内容， 确立了 23 个有关设备潜在影响的研究问题。 顾问小组将研究问题列表缩减至 HIA 可操作的范围。

总结

谢南多厄河谷的利益相关者和社区居民都知道关于畜禽粪污能源化设备的研究问题。 研究小组针对 HIA 方法和实践举行了一个双向培训会， 参加培训会的许多人作为顾问小组成员参与了整个 HIA 过程。 根据成员在会议上对设备的健康影响的担忧， 制定了最初的研究问题列表。 最后的列表由顾问小组缩简而来， 重点关注空气质量、 水质、 畜禽/农业领域的就业、 货运交通、 可选技术和国家公园。 （Center on Human Needs et al. , 2013）

案例二

案例名称： 育空地区基诺市附近采矿工程 HIA

负责机构：栖息地健康影响咨询中心

年份：2012

地点：加拿大育空地区

育空地区的基诺市人口稀少（总人口少于20人），有长期开采银矿的历史，人数最多时超过600人。但是，自20世纪80年代晚期采矿业衰落以来，这座小城的定位变成一个户外运动和旅游中心。最近重新兴起的采矿业使很多居民开始担心健康问题。这些担心在育空环境和社会经济评估委员会（YESAB）监督的环境评估过程中很多未能得到解决，因此，育空健康和社会服务局决定开展HIA。这部分节选内容介绍了用来确定哪些健康话题将在HIA进行审查的多方信息源。

为了确定HIA应该包含的健康相关问题，我们进行了范围界定实践。我们查阅了大量文件，包括：

● 所有向YESAB递交的有关贝莱科诺矿产开采部门以及Lucky Queen和Onek矿床生产工程的申请文件，包括：

——Alexco（采矿公司）递交的文件

——国土和联邦政府机构递交的文件

——基诺市居民递交的文件

——相关个人和组织（例如大卫铃木基金会、育空保护学会）递交的文件

● 已出版的有关加拿大和全球其他地方矿产开采对居民影响的文献

● 育空地区基诺市居民人类健康风险评估（SENES Consultants）

居民和其他利益相关者在个人采访中提出的担忧也是一个考虑因素。表8.1是主要问题列表。按照常见健康路径将这些问题分类，最终得到一个包含七个领域的HIA：空气和土地相关健康影响、水源相关健康影响、噪声相关健康影响、传染病、压力/精神健康、伤病以及应急医疗救治。这些领域构成了HIA报告对健康影响分析的基础。

表 8.1　利益相关者对高空地区基诺市附近采矿工程 HIA 提出的健康相关问题 （Hobitat Health Impact Consulting， 2012）

担忧的健康问题	向 YESAB 递交文件情况			对居民的采访	专业评判
	Alexco（采矿公司）	居民	其他		
空气和土地相关健康影响					
采矿/研磨操作产生的粉尘	*		3, 4	*	
干燥混合料尾料产生的粉尘	*	*	3, 4		
工业运输产生的粉尘	*		3, 4		
水源相关健康问题					
酸性金属沥滤和废弃矿石收集设备造成的潜在饮用水源污染		*	2, 3, 4, 5, 7, 8		
干燥混合料尾料产生的地下水（和地表水） 污染			5	*	
由卡车运输泄漏有毒物质 （铅和锌） 引发的污染		*			
噪声相关健康影响					
噪声	*	*	3, 4, 9	*	
传染病					
呼吸系统疾病					*
性传染病					*
胃肠疾病	*				*
压力/精神健康					
经济影响	*	*	4, 10	*	
群体改变	*	*		*	
感知接触污染		*		*	
伤病					
采矿和研磨区发生的事故和操作不当	*		2, 3, 6	*	
公路交通问题	*	*	2, 4, 6	*	

续表

担忧的健康问题	向 YESAB 递交文件情况			对居民的采访	专业评判
	Alexco（采矿公司）	居民	其他		
应急医疗救治					
地面救护车可用情况			3		

注："其他"一栏数字含义：1. Mayo 村；2. 纳乔尼亚顿第一民族；3. 育空健康和社会服务局；4. 育空旅游和文化局；5. 育空环境管理局；6. 育空能源、矿产和资源局；7. 加拿大安全环境理事会；8. 加拿大海洋渔业署；9. 国际游客；10. 影视业的代表。

"专业评判"指那些与其他地方有相同发展情况的健康领域，但这些领域一开始并没有被利益相关者作为担忧提出来。

案例三

案例名称： 2010 年夏威夷农业发展规划

负责机构： 科哈拉中心

年份： 2012

地点： 美国夏威夷

表 8.2　夏威夷农业发展规划 HIA 范围界定问题样本（The Kohala Center，2012）

政策：夏威夷教育部门增加对当地产 FFVP 的集中采购（和对 K－12 学校餐饮服务）					
相关健康问题	指标	现有条件和需求数据	HIA 问题	HIA 研究方法和任务	数据来源
食品安全/饥饿	食品安全措施（CPS-FSS）	夏威夷当前食品安全问题比率如何？成人和儿童相关比率如何？	这项政策会影响儿童食品安全吗？	明确现有的高食品安全性数据及其与收入和地理区域的关系	CPS-FSS（USDA）
学业表现，行为问题		出现夏威夷食品安全问题的原因是什么？	这项政策会影响成人食品安全吗？	判断学校餐饮中增加当地 FV 如何影响儿童食品安全问题	CDC 文献回顾

续表

政策：夏威夷教育部门增加对当地产 FFVP 的集中采购（和对 K‒12 学校餐饮服务）					
相关健康问题	指标	现有条件和需求数据	HIA 问题	HIA 研究方法和任务	数据来源
学业表现，行为问题		哪一群体受食品安全问题影响不均衡？	学校集中购买当地 FFVP 如何影响 FFVP 在当地市场上的零售价格？		CDC 文献回顾
超重（营养过度）	儿童超重趋势	家庭收入和家庭饮食质量、超重问题的关系	这项政策会不会（通过增加新鲜蔬菜消费）影响儿童超重趋势？	文献研究：前几年 FFV 消费对儿童和成人超重的影响	CDC 文献回顾
	成人超重趋势	夏威夷哪些群体受超重和相关疾病影响不均衡？		超重率下降如何影响人的寿命？	
	超重和糖尿病水平更低？			儿童超重率下降如何影响国家在医疗健康方面的支出？	
				超重率下降 10 年后如何影响超重成人的商业消费？	

注：FFVP 指新鲜水果和蔬菜计划，CPS-FSS（USDA）指当前人口调查食品安全供应（美国农业部），CDC 指疾病预防和控制中心。

　　此项目是一个"针对增加当地商业食品生产、促进农场到学校采购和支持学校、社区和家庭食品生产的潜在影响的 HIA"。具体而言，此项 HIA 对组成夏威夷农业发展规划的三项政策建议进行了评论。分别是：当地生产食品机构的采购；食品农业的商业扩张；家庭、社区和学校种植区的扩展。此项 HIA 评估了五个重要健康领域的潜在影响：（1）饥饿（食品供给安全）和饮食质量（营养安全）；（2）超重；（3）食源性疾病；（4）经济；（5）生活幸福和文化联通性。作为范围界定阶段的一部分，HIA 小组绘制了表格来指导实施方法，确定将要回答的问题、将会使用的研究方法和可以参考的信息来源。表 8.2 是其中的一个示例，这些参数描述了食品安全、饥饿和超重结果与增加机构采购政策建议之间的关系。

参考文献

Bhatia, R., Gilhuly, K., Harris, C. et al. 2011. *A Health Impact Assessment Toolkit*: *A Handbook to Conducting HIA*, 3rd edn. Human Impact Partners, Oakland. http://www. human-impact. org/doc-lib/finish/11/81. Accessed 18 June 2013.

Center on Human Needs, Virginia Commonwealth University. 2013. The Potential Health Impact of a Poultry Litter-to-Energy Facility in the Shenandoah Valley. Virginia. http://human-needs. vcu. edu/page. aspx? nav = 217. Accessed 18 June 2013.

Habitat Health Impact Consulting. 2012. Health Impact Assessment (HIA) of Mining Activities Near Keno City, Yukon. http://www. hss. gov. yk. ca/pdf/hia_keno. pdf. Accessed 18 June 2013.

International Finance Corporation. 2009. *Introduction to Health Impact Assessment*. International Finance Corporation, Washington, DC.

The Kohala Center. 2012. Health Impact Assessment of the 2010 Hawai'i County Agriculture Development Plan. http://kohalacenter. org/pdf/HIAFullReportFinalWeb. pdf. Accessed 18 June 2013.

WHIASU. 2012. *Health Impact Assessment*: *A Practical Guide*. Wales Health Impact Assessment Support Unit, Cardiff.

第九章
评估

摘　要：　本章介绍影响评估的过程。评估过程的作用就是表示潜在受
影响群体的基线状况。本章提供了大量的资源，有助于指导
读者获取可能与基线条件相关的健康数据。下一步旨在确定
可能产生的影响或预测基准条件将如何因拟议项目或政策而
改变。逻辑框架组织了多种信息并确保假设的透明性和有效
性，同时还解释了拟议项目或政策与健康结果之间潜在的影
响途径。评估的最后一步是效应表征，重点在于传达潜在健
康影响的相对重要性、可能性和影响程度。本章总结了一系
列从健康影响评估（HIA）中摘录的一些案例，展示了一系
列评估方法，对此前介绍的原则和问题进行了诠释。[1]

关键词：　评估；基线；社区概况；影响；逻辑框架；研究伦理；证据
效应特征；可能性；数据收集

什么是评估?

评估是健康影响评估（HIA）过程的第三个阶段。其目的是确定影响发

---

[1]　C. L. Ross et al. , *Health Impact Assessment in the United States*, DOI 10. 1007/978 - 1 - 4614 - 7303 - 9_9, © Springer Science + Business Media New York 2014.

生的可能性，然后量化或概括预测的影响。

在本书中，尤其是在本章中，我们特别关注健康的影响。虽然"影响"一词通常具有负面意义，但在 HIA 中发现的健康影响可能是不利的（消极的），也可能是有利的（积极的）。因此，"影响"应被视为中立术语，与"效应"同义。然而需要注意的是，在某些学科中，特别是在很多环境影响评估（EIA）专业人士看来，"影响"几乎总是消极的。

评估过程

评估是 HIA 中的一个既复杂又困难的环节，在实现方法层面可能也是最多样的。然而，它通常遵循独特的标准化步骤，包括开发社区或基线概况、评估影响以及表征影响。下面对这些步骤进行详细说明。

步骤1：制定健康基线或社区概况

第一步是创建基线，描述与潜在受影响社区健康相关的状况。下面列举了几个主要目的：

- 确定潜在受影响人口的健康存在的问题、面临的困难和机会，以确保拟议项目或政策不会使条件恶化，在可能的情况下，利用机会来改善健康状况；
- 确定健康条件的现状，以便对变化的程度做出预测；
- 确定潜在的弱势人群；
- 创建用于测量未来健康状况变化的参考点。

一些 HIA 从业者对基线和社区概况进行了区分。在这种区别下，社区概况旨在描述社区健康的总体情况，以帮助 HIA 从业者和读者更好地了解受影响人群的健康情况。相比之下，基线是为了收集有限的可复制数据指标，这些指标将随着时间的推移而被监测，以确定与特定项目或政策相关的变化。要根据数据的预期用途来确定基线或社区概况哪一个更适合。目前，大多数的 HIA 似乎倾向于社区概况，但使用"基线"一词。因此，本章的其余部分也使用该术语。

在基线健康概况中，通常会收集以下类型的信息：

● 人口信息， 如人口数量和年龄、 性别、 收入及受教育水平；

● 关于健康结果的信息， 如预期寿命、 自我评估的健康状况、 慢性疾病患病率、 急性疾病患病率和损伤情况；

● 关于健康相关行为的信息， 如吸烟、 身体活动和饮食；

● 关于社会、 环境或机构健康决定因素的信息， 如住房、 接触空气和水中污染物以及保健服务的获得等情况。

要收集的信息需针对范围界定阶段确定的健康问题， 避免因为散乱的方法呈现无关的数据。 基线数据可能来自预先存在的二级来源， 如人口普查信息或行为风险因子监测系统的数据 （见表 9.1）。 它可能在已发表或 "灰色" 文献中可用， 或者可能需要通过重要的市政或卫生系统信息提供者， 或者通过调查或小组访谈直接从社区居民那里收集信息。

在一些 HIA 中， 不同人口受到拟议项目或政策的影响不同。 例如， 在纳卡拉大坝案例 （第六章） 中， 大坝附近的 17 个家庭将被迫流离失所。 这 17 个家庭的健康影响可能与下游社区居民受到的健康影响有很大的不同， 下游社区可能是大坝电力的受益者。 这两组的健康影响会大不相同， 因此， 为每个组开发一个单独的健康基线或总体概括是适当的。

就数据的收集和呈现而言， 研究人员需要平衡数据收集的需求和个人及社区对隐私的伦理要求， 这是很重要的。 如果可能的话， 只有在确定了数据收集原因和方式以及通过外部伦理审查后 （比如， 来自研究者所在学术机构的审查， 这些机构通常有审查委员会） 才能开展初步的数据收集工作。 如果主要数据由个人提供， 则必须制定协议以确保信息被匿名、 保密和正当使用。 在许多司法管辖区， 健康隐私法规定获取信息必须获得个人同意， 同时规定了收集、 存储和处理信息的方式。

步骤2： 评估可能产生的影响

评估， 也被称为 "分析"， 是预测项目或政策将会导致什么样的健康变化、 变化发生的程度以及如何影响不同群体的行为。

在范围界定阶段， 初步确定了评估中要检查的健康问题。 下一步是了解项目或政策与健康问题之间的联系，并最终明确影响健康结果的途径。这可能是一项艰巨的任务，但具有重要意义，因为 HIA 的目的不是提供关于影响健康因素的一般信息，而是检查特定项目或政策可能如何影响特定环境中的健康状况。

逻辑框架有助于组织这一信息。逻辑框架是一个结构图，说明了项目或政策中各部分对健康结果潜在的影响方式。HIA 逻辑框架的结构通常包括四列：项目/政策属性、直接影响、中期结果和健康结果（UCLA HIA 项目，年份未知）。

（1）项目/政策属性是项目/政策的不同方面或组成部分，例如创造就业机会、建设道路或建设新设施。

（2）直接影响是直接来自项目/政策属性的影响。例如，创造就业可能导致收入增加，建设道路可能导致交通模式变化，施工可能会产生噪声。

（3）中期结果直接来自上一步的影响，这些将被作为健康的决定因素（见第二章健康的决定因素）。

（4）健康结果是体现在个人身上的最终生理结果，诸如呼吸系统疾病、糖尿病、损伤或心理健康。

表 9.1 与 HIA 相关的国家级数据源

数据源/拥有者	数据类型
流行病学和最终结果监管（SEER）/国家癌症研究所（NCI）	特定地点的癌症发病率、死亡率、存活率和患病率
美国实况调查/美国人口普查局	人口、收入、就业、教育、行为和生活方式、住房、商业和行业统计
行为风险因素监测系统（BRFSS）/疾病预防和控制中心（CDC）	关于健康风险行为（例如吸烟）、预防性健康做法（例如身体活动、癌症筛查）以及与慢性疾病和损伤有关的主要保健服务的统计数据。死亡率和住院数据可用于常见慢性病
青少年风险行为监测系统（YRBSS）/疾病预防和控制中心（CDC）	与伤害和暴力、怀孕和性传播疾病、酒精和毒品使用、烟草使用、不健康的饮食行为以及青少年身体活动不足有关的健康风险行为数据
美国人口普查/美国商务部	人口、教育、住房、收入和商业统计
县健康排名和路线图/罗伯特·伍德·约翰逊基金会和威斯康星大学健康研究所	县级死亡率、患病、健康行为、临床医疗保健以及环境和社会健康决定因素数据

数据源/拥有者	数据类型
数据查找/美国环境保护署（USE-PA）	关于空气质量、气候变化、健康风险（接触、健康评估、毒性）、污染物、废弃物和水的数据
儿童统计/儿童与家庭统计联邦机构间论坛	关于人口、家庭和社会环境、经济学、物理环境与安全、卫生保健、行为、教育以及关注儿童和家庭健康的总结报告
儿童和青少年健康测量倡议/儿童和青少年健康数据资源中心	总体健康状况、保险和获得保健情况、家庭和社会情况、健康状况、健康差距以及保健系统效果和质量
司法部统计局/司法方案办公室	犯罪和纠正统计，包括美洲原住民人口的数据
研究与创新技术管理/美国运输部	按模式、区域和主题（例如经济和金融、能源和环境、基础设施等）的运输统计数据
教育数据社区/美国政府	所有学习类别的教育数据（如 K－12、特殊教育、职业和成人类教育等）
劳工统计局/美国劳工部	关于通货膨胀和价格、支出、失业、就业、工资和福利、生产力、工伤的统计数据

图 9.1 是该逻辑框架的示例，其中显示了到校安全路线政策的健康影响方式。该政策旨在减少学校周围的交通压力，并鼓励更多学生步行或骑自行车上学。这些影响方式遵循政策的特定组成部分——例如，增加交叉路口的警察、为骑车的人们提供改良过的基础设施，并将其应用于预期的健康结果。

逻辑框架很灵活。在实践中，可以以任何方式修改逻辑框架，从而以最佳方式解释特定 HIA 中的潜在关系，例如添加列或定位效果（见图 9.1）。逻辑框架的优势在于透明和简单易懂，它以一种能够验证其准确性的方式提出对潜在影响的假设。然而，如果管理不当，逻辑框架也可能容易变得过于复杂。

根据 HIA 团队的选择，可以在范围界定阶段或评估开始时制定初步的逻辑框架。在最初创建逻辑框架时，应该抓住拟议项目/政策与健康结果之间潜在的健康影响方式，也就是说，应该记录对这些信息碎片是如何组合在一起做出的假设。

下一步是形成实证，以此证明每种方法的有效性，这将帮助 HIA 从业者更好地了解影响的本质。为了做到这一点，从业者将寻找各种实证来源。实证在 HIA 中的定义非常广泛，来源不限，包括：

- 系统性回顾和多元分析；
- 同行文献回顾；
- 来自政府或其他组织的公开或灰色文献报告；
- 定量模型；
- 此前发布的 HIA；
- 学科领域专家意见；
- 关键调查者采访（即采访那些非常了解特定专题的人）；
- 利益相关者/居民意见，通过焦点小组讨论、一对一采访、社区研讨会等渠道获得。

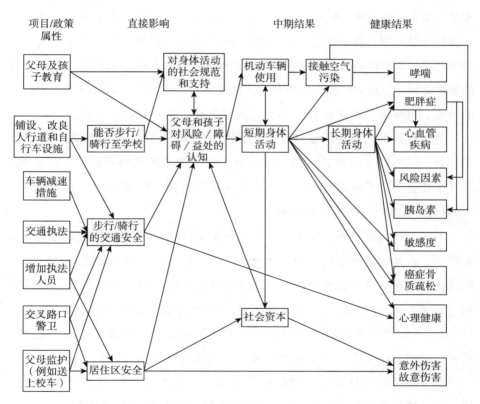

图 9.1 逻辑框架示例——萨克拉门托的到校安全路线 HIA
（UCLA Health Impact Assessment Project，2004）

《健康影响评估的最低要素和实践标准》 规定，应使用 "最佳可用" 证据 (North American HIA Practice Standards Working Group，2010)。判断最佳实证的标准将取决于正在审查的健康影响。对于存在强流行病学实证的地区，适用于 HIA 具体情况的系统评价可以作为一个很好的信息来源。例如，已发表的流行病学证据和群体层次建模将适用于衡量已知空气质量变化对呼吸道的潜在影响。然而，已公开的信息不太可能应用于所有正在被审查的健康影响，或者也无法用于人口、地点、政策或项目。在这种情况下，不同类型的实证可能更为合适。例如，如果一个人试图确定一个特定项目对当地废物处理系统能力可能产生的影响，那么其最佳实证最有可能来自这种废物处理设施负责人的意见，而不是学术文献。虽然学术文献可以提供关于废物处理设施的一般工作或其中可能出现的问题等有用信息，但只有符合具体情况的关键信息才可以提供有关该特定设施问题的历史信息、升级设施计划、能够达到的最大运行量，或者可能与当地条件背景相关的其他细节。无论使用什么类型的信息，重要的是要注意 HIA 不应该随意选择信息来支持给定的结论。

将这些不同来源的实证与有关拟议的项目/政策和基线/社区概况的信息相结合，以帮助 HIA 从业者描述其在所考虑的健康领域内可能产生的影响。在这个描述中，重要的是不仅要呈现大多数人可能受到的影响，还要介绍对不同群体 （如弱势群体） 的影响。

对于一些健康影响，还可以开发一种定量评估，对健康结果变化进行数值预测。这种定量评估经常受到读者的青睐，因为数字很容易进行比较，这种评估可以说非常有说服力，可以形成经济论证的基础，并且形成一个科学的 "真相" 环 （尽管模型往往基于许多可能是非常错误的假设和定量估计）。在进行可能形成影响的数值或定量表征时，应该认真考虑这一选择。然而，目前 HIA 过程中很少有健康成果可使用量化评估。

对于不可能进行量化评估的健康影响，重要的是提供强有力的定性叙述。应该清楚地解释：（1） 什么是健康影响，（2） 谁会受到影响，（3） 效果有多强，（4） 为得出结论，从哪里收集证据。在本章末尾的案例研究中我们提供了几个例子。

步骤 3：表征/总结健康影响

最后，有必要总结预测影响的表征，以便读者比较不同健康影响的相对重要性。例如，HIA 可能会确定项目或政策将对六七个健康领域产生影响，例如交通相关伤害、饮食质量、压力和焦虑以及接触空气污染物。总结效应表征使利益相关者（包括决策者）能够更容易地确定哪些影响是最重要或最有可能发生的，以便在配置资源时优先考虑。这种比较可能十分困难，但如果被比较的两者在概念上相差很大，例如污染物接触和心理健康，这种比较则尤为重要。

效应表征通常通过使用可能性、严重性和持续时间之类的标准参数来完成影响表征。表 9.2 列出了通常在 HIA 中使用的效应表征参数。通常在一个 HIA 中会有 3~6 个参数被使用，从而一致地分析所有的健康影响。选择的参数能够最好地契合 HIA 中的特定影响。

表 9.2　常用效应表征参数示例

参数	含义
方向	有利或不利
可能性	接触或影响发生的可能性有多大
严重程度	潜在的健康影响有多严重
幅度/地理范围	影响在群体或地理区域中传播的程度有多大
频率/持续时间	接触的频率或持续时间有多长
弱势群体	弱势群体的影响分布
潜伏期	影响从产生到显现的时间有多久
适应能力	受影响人口的弹性适应变化
确凿证据	根据现有证据确定接触或影响的确定性

对于其中的每一个参数，需要先创建定义，以便将效果定义为"高"、"中"或"低"（或任何其他适宜的类别）。框 9.1 中显示了阿拉斯加 HIA 技术指南的一个例子。这些定义应该作为 HIA 方法的一部分而被应用在报告中，这种透明公开的方式，能帮助读者理解一个效果怎样才算得上高度，而

不是中度或低度。在不同的 HIA 中，用于每个参数中特定级别的定义可能需要修改，以适应特定情况。

使用诸如上述标准参数的效应表征，能够评估不同影响的相对重要性，并将结果传达给利益相关者，这种方式有效而透明。也有其他选择，例如将预计的健康影响转化为美元或残疾调整生命年（DALY），如果适合就可以使用。但是这依赖于附加信息，例如成本，这些信息通常并不可用，所以在如今的 HIA 中不怎么用到这种效应表征。

框 9.1　阿拉斯加 HIA 技术指南的严重等级示例

（2011 年阿拉斯加 HIA 计划）

低：效果不明显。

中：影响可能导致烦躁不安、轻伤或不需要干预的疾病。

高：影响可能导致中度伤害或需要干预的疾病。

案例研究

本章选择了三个案例来展示一系列 HIA 评估的方法。下文列出了各评估部分的简要摘录。附录 3 提供了 HIA 中完整的评估部分，并且可以在本书提供的材料中在线查找完整的 HIA。我们建议读者参考每一个 HIA 的完整评估部分，这些摘录提供了分析的概况，完整版可以帮助读者更好地了解 HIA 分析包含哪些部分以及它们是如何被构建的。

案例一

案例名称：堪萨斯州东南部赌场发展的潜在健康影响

负责机构：堪萨斯健康研究所

年份：2012

地点：堪萨斯州

评估的项目、计划或政策 2011～2012 年，堪萨斯立法机构引入了一些法案，旨在推动该州建立赌场，特别是在堪萨斯州东南部博彩区，希望创造就业机会，推动堪萨斯州经济萧条地区的经济发展。

样本评估 堪萨斯健康研究所进行的 HIA 审查了赌场的存在如何影响健康，包括接触二手烟、交通事故、赌博成瘾、离婚和自杀等潜在风险，以及潜在收益，如创造就业机会、旅游业发展、国家和地方的收入增长以及健康保险发展。以前关于赌场发展问题的讨论仅限于潜在的经济利益和病态赌博，这次的 HIA 试图扩大对健康影响的讨论范围。HIA 借鉴了三个证据来源：来自可能受影响社区的定性信息、出版的关于健康影响的文献以及关于两年前建成的赌场的数据（堪萨斯州道奇市的 Boot Hill 赌场）。它为使用逻辑框架和清晰效果表征矩阵来描述影响提供了绝佳案例。以下摘录再现了与赌场潜在就业相关的健康影响。

总结：堪萨斯州东南部赌场的健康影响

根据福特县（附近没有赌场）和堪萨斯州东北部赌场的文献回顾和劳动力市场数据，增加堪萨斯州东南部的赌场可能会为当地增加 300～350 个工作岗位。此外，一旦赌场建设开始，本地的整体就业水平可能会提高。文献回顾显示，在堪萨斯州东南部建立赌场可能只会导致本地失业率下降，因为就业人数增加通常被人口增加所抵消，这意味着更多的就业人员分散在更多的人群中。此外，文献回顾显示，赌场对当地失业率的影响取决于新聘雇员从其他地方迁移或上下班的情况、当地劳动力市场或人口的其他变化，以及其他经济状况如何影响当地劳动力市场。

一般来说，利益相关者会指出，赌场可以带来经济效益，包括"更多的社区商业支持"以及"社区的就业和金钱"。然而，利益相关者对赌场潜在健康影响的看法有些分歧。一些利益相关者认为，赌场可以增加获得医疗保健服务的机会，并带来与收入增加相关的健康福利。其他利益相关者担忧，如果人们将钱用于赌博而不是必需品，那么赌场会给家庭金融稳定带来负面影响。利益相关者还注意到一些可能影响该赌场实际改善居民健康状况的因素，例如赌场是否为雇员及其家属提供健康保险。

　　根据文献回顾、数据分析和利益相关者的意见，新的赌场建设可能会增加切罗基县和克劳福德县居民的收入，并为全职员工提供保险。增加收入和获得健康保险可以增加获得保健服务和健康食品的机会，从而改善堪萨斯州东南部赌场雇员及其家属的健康状况（例如降低死亡率和发病率、提高生活质量、降低 BMI）。如前所述，就业、保险和收入与健康有很强的积极联系。为了实现这些积极的健康影响，消除赌场就业的潜在负面影响（如转移工作和接触二手烟）很重要，因为这可能导致发病率、死亡率以及肺癌和心脏病患病率的增加。（Kansas Health Institute，2012）

案例二

案例名称：加利福尼亚州议会第 889 号法案 HIA：2011 年《加利福尼亚州本地雇工平等、公平和尊严法案》

负责机构：旧金山公共卫生部

年份：2011

地点：加利福尼亚州

评估的项目、计划或政策　2011 年《加利福尼亚州本地雇工平等、公平和尊严法案》提出了许多其他工人业已享受的劳动保护方案，这些保护方案同样也适用于本地工人，其中包括加班费、每年生活费用的增加、膳食休息、适当条件下 8 小时不受打扰的睡眠时间、带薪假期，还有由州雇员赔偿和职业安全与卫生司提供的保险及其他规定。

样本评估　HIA 评估侧重于法案中关乎人类健康的两个方面：与睡眠剥夺有关的健康影响和与提供工人赔偿覆盖率相关的健康影响。下面的摘录介绍了 HIA 对不间断睡眠的健康影响分析。分析中进行了文献回顾，将政策条款与特定的健康结果联系起来，并使用效果特征表的方式来总结，让不同的 HIA 受众都更容易理解。

立法对睡眠要求做出改变，从而导致健康影响的可能性、确定性和严重程度是多少？

总而言之，根据现有实证，对本地雇工人口的了解以及他们的社会经济和工作相关的脆弱性，我们预测本地雇工睡眠需求的发展将保护本地雇工的健康范围和数量。

表 12① 提供了关于健康影响的可能性、强度/严重性以及与有限实证相关的不确定因素的简要判断。由于缺乏关于以下因素的数据，对睡眠相关健康影响大小的定量估计是不可能的：

- 连续工作 24 小时或以上的本地雇工或住家雇工人数；
- 目前受到法律影响的本地雇工的睡眠时间分布。

表 12　健康睡眠保护预期影响的总结评估

健康成果	可能性	强度/严重性	受影响方			量级	与有限实证相关的不确定因素
			DW	CR	GP		
死亡率	▲▲▲	高	+			小	关于睡眠对健康的影响的研究并不针对家庭工作人群；受影响人群当前健康模式的有限信息；受影响家庭工作人群的基线健康情况；保护措施使用数据
慢性病及肥胖	▲▲	中	+			小－中	
压力及精神健康	▲▲	中	+	?		小－中	
认知及动态表现	▲▲	中	+	+		中	
失误及损害	▲▲▲	高	+	+		中	
交通事故	▲▲▲	高	+	+	+	未知	

说明：

- 可能性是指表示睡眠和健康成果之间的因果关系的研究或实证的程度：▲ = 有限实证，▲▲ = 有限而持续的实证，▲▲▲ = 已建立的因果关系。因果效应即表示这种影响可能发生，与量级或严重性无关。
- 强度/严重性反映了影响的性质，即其对功能、持续周期和耐久性的影响（高 = 非常严重/强烈，中 = 中等）。
- 受影响方是指那些会受到与睡眠要求相关的健康成果影响的人群。DW = 家庭工作者，CR = 保健接受者，GP = 一般人群。
- 量级反映了对所预测的健康影响变化范围的定性评判（比如，疾病、损害及不良反应案例数量的减少）。

（San Francisco Department of Public Health，2011）

---

① 如无特殊说明，本书引文内图表序号均为原文序号。

案例三

案例名称：北部地区应急响应 HIA

负责机构：澳大利亚原住民医生协会和新南威尔士大学健康平等培训、研究和评估中心

年份：2010

地点：澳大利亚

评估的项目、计划或政策　北部地区应急响应措施（NTER）是澳大利亚政府提出的一系列紧急政策措施，旨在减少该国北部地区的暴力和虐待儿童行为。立法中概述的紧急措施包括政府对原住民家庭的福利、酒精和色情禁令、对其儿童的健康检查以及允许进入他们土地的变化。由于缺乏对相关社区的咨询，以及表现出了傲慢和歧视的态度，NTER 是非常有争议的。

样本评估　这个存在争议的 HIA，描述了从拟议的变化到外部治理、强制性收入管理、酒精限制、禁止某些物品、对儿童健康的强制性检查以及住房和教育改革的潜在健康影响。以下摘录重点介绍了住房问题，并且是将受影响社区的意见作为定性证据的一个很好的案例。本评估的完整版本见附录3，以下摘录中省略了部分社区的意见。

　　正面影响

　　对住房的主要积极影响与各国政府承诺对住房进行的大量投资以及住房维修数量增加有关。

　　"有人承诺要买房子，这是很好的。我的意思是，现在需要建造4000 套住宅。他们已经指定了它的用途。"——非原住民高级官员

　　负面影响

　　多数社区对干预中承诺的住房措施的反应是重申干预承诺要解决的是严重的、预先存在的住房问题。虽然人们对将租约转让给澳大利亚政府有严重担忧，但许多人对努力提供他们所需住房的想法表示欢迎。然

而，12 个月后，干预措施似乎使那些希望并期望更快采取行动的人失望了，特别是在改善维修方面。

有人还对建造住房的优先事项表示关切，因为新的住房大多分配给企业管理人员、警察和卫生工作人员，这样就不会对住房质量和社区家庭过度拥挤产生影响。还有一种看法是，如果你住在离现有基础设施很近的地方，你就会得到更大的优先权，并且能够就项目的实施方式进行更灵活的安排。

"不得不说，在众多土著事务中，住房一定是最腐败、最让人感到无能为力的一方面。看着那些造价为 10 万美元的房屋，其成本从四五万美元到 60 万美元不等，我们知道这完全是无稽之谈，事实不会是这样，这些房屋很多也撑不了几年。我们必须看看房屋的类型、使用的材料，看看我们如何降低成本，因为这种情况很奇怪。你不能告诉我，就因为它地处偏远，或者是在农村地区，就将花费这么多的钱来建造那种类型的住房。"——原住民领袖

过度拥挤和较差的住房条件影响到社区中的每一个人，包括本地卫生工作者。

"我家里连孩子一起有 15 个人。我和我的父母住在一起，这是一间有四个卧室的房子。每周共支付 400～500 美元的租金，因为每间屋子的租金是 50 美元，包含电费在内。"——土著社区成员

对许多人来说，拟议的建筑方案让土著居民在设计、建造和维护住房及相关健康硬件方面错失了很多就业和培训机会。

"让这些白人工人进来建造房屋然后离开，而不是让本地人得到这样的机会，如此一来，这个社区的 50、60 或 100 个原住民无事可做，只能坐着看他们建房子。"——非原住民医生

有的人对社区可参与方式有着大胆的长远设想。

"……学习如何修理房屋和管道及其工作原理……可以设立维修中心，在那里进行一定的培训，建立特定的学徒制和工资制度。"——当地卫生工作者

　　"社区和利益相关者表示出更广泛的关切，房屋长期维护取决于所有权和住房的适当性。"——非当地高层官员

　　"政府的问题是，他们要投资住房，大力投资住房。投资住房是好的，但如果你们造的房子不合适，而且允许承包商主导建房和交付基础设施的过程，没有本地人适当监督这些过程，那么我们就会重蹈覆辙……建筑房屋是必需的，但如何做好房屋内部装修以及安置好住在房子里的人也很重要。更确切地说，房子是一个庇护空间，而不是一个解决严重社会问题的临时庇护所。"——当地学者

　　（Australian Indigenous Doctors' Association et al.，2010）

参考文献

Australian Indigenous Doctors' Association and the Centre for Health Equity Training, Research and Evaluation, University of New South Wales. 2010. Health Impact Assessment of the Northern Territory Emergency Response. http://www. aida. org. au/viewpublications. aspx? id = 3. Accessed 18 June 2013.

Kansas Health Institute. 2012. Potential Health Effects of Casino Development in Southeast Kansas. http://www. healthimpactproject. org/resources/document/KHI _ Southeast-Kansas-Casion_Complete_HIA_Report. pdf. Accessed 18 June 2013.

North American HIA Practice Standards Working Group. 2010. Minimum Elements and Practice Standards for Health Impact Assessment, Version 2. http://hiasociety. org/documents/Prac-ticeStandardsforHIAVersion2. pdf. Accessed 18 June 2013.

San Francisco Department of Public Health. 2011. A Health Impact Assessment of California Assembly Bill 889：The California Domestic Work Employee Equality, Fairness, and Dignity Act of 2011. http://www. sfphes. org/component/jdownloads/finish/33/78. Accessed 18 June 2013.

State of Alaska HIA Program. 2011. *Technical Guidance for Health Impact Assessment （HIA） in Alaska*. Alaska Department of Department of Health and Social Services, Anchorage.

UCLA Health Impact Assessment Project. 2004. Health Impact Assessment of Sacramento Safe Routes to School：Logic Framework. http://www. apho. org. uk/resource/item. aspx? RID =

63905.

Accessed 18 June 2013 UCLA Health Impact Assessment Project（year not stated）Stage 2：Scoping. http：//www. ph. ucla. edu/hs/health-impact/training/pdfs/HIAman07 _ s3 _ Scoping _ txt. pdf. Accessed 18 June 2013.

第十章
建议

摘　要：　本章主要讨论健康影响评估（HIA）的第四个步骤，即针对
如何修改项目或政策提出建议。建议是将评估结果转换为行
为的过程，这些行为可能提高受影响人口的健康水平。本章
首先讨论了可能提高建议实施程度的几个关键因素。这些因
素有：应根据评估结果提出建议；应遵循避免伤害的公共健康
原则；应有实证依据作为基础；应减少伤害，同时增加健康效
益；应当具体详细，具有可操作性；应该尽可能让实施者采纳
这些建议。本章还讨论了让决策者参与建议制定过程的各种优
缺点，同时也讨论了建议部分格式设计的可能性和差异程度。
本章以四个 HIA 的建议为例进行总结，这四个 HIA 是针对不
同项目和政策实施的。将它们作为案例是因为其代表性强、
效果明显，体现了之前提到的很多关键因素。①

关键词：　建议；行动；健康管理计划；公共健康原则；避免伤害；减
轻；增强

　　建议就是具体的行动方案，涉及如何改善条件以减轻项目或政策提议的

---

①　C. L. Ross et al. , *Health Impact Assessment in the United States*, DOI 10. 1007/978 - 1 - 4614 -
7303 - 9_10, © Springer Science + Business Media New York 2014.

负面影响、增加潜在效益。建议是 HIA 的一个关键步骤，因为本阶段提供了机会，将评估成果转化为可能改善受影响人口健康状况的行动。

提出合适的建议是个棘手的任务，因为不能用任何一个方法或标准"模板"来提出建议。为了使建议起作用，应根据项目或政策提议以及当地的具体情况提出个性化的建议。本阶段也必须将评估阶段确定的主要健康影响考虑进去，同时也应将不同利益相关者（例如项目开发者、当地健康部门和市政机构等）的管辖权限制考虑进去。

建议的形成过程不仅要有 HIA 小组参与，还要有其他关键贡献者的参与。指导委员会可以就如何制定让不同利益相关群体都能接受的条件提出建议，也可以就建议的措辞提出修改意见，使建议具有政治可行性。外部专家可以提供技术信息，使建议符合最新实践的活动要求，可以为解决复杂技术问题做出贡献。当地利益相关者（如社区成员或当地主要信息提供者）参与其中通常会起到帮助作用，既能保证建议解决当地问题，也使特定群体中的人能够接受建议。在建议形成过程中，决策者有时需要起到一定的作用，这点将在本章的后半部分讲到。

关键成功因素

一些关键成功因素可以增加 HIA 建议实施的可能性。

1. 应根据评估结果提出建议

建议应解决评估阶段确定或预测的健康影响。据此，建议既能满足需求，也具有很强的合理性。我们应该重点关注那些解决在评估阶段被认为是最主要的健康隐患的建议。

2. 应遵循避免伤害的公共健康原则

公共健康实践的一个重要原则是，预防不利的健康影响远比问题出现后再来解决要有效得多（Public Health Leadership Society，2002）。与之类似，建议的重点应该在于预防或避免不利影响，而不是控制结果。这一原则与环境评估和规划中使用的"减灾体系"一致。按照"减灾体系"，解决潜在影响的最佳顺序是：

- 避免所有影响；

- 减轻影响（通过减少持续时间、减轻严重程度、缩小影响范围等）；

- 补救影响产生的不利结果；

- 就不能避免或减轻的影响补偿人们。

（International Finance Corporation，2012）

3. 应有实证依据作为基础

如果情况允许，建议应有实证依据作为基础，或者表明干预会产生已证明结果的证据，而不是以实践者的猜想为基础。例如，如果评估确定居民区附近的行人交通事故是一项风险，那么建议应该以能够证明所推荐行为有效的事实为基础（例如，已证明的人行道的影响或减少行人交通事故的证据）。如果不以事实为基础，建议就可能在避免或减轻不利影响方面起不到作用，还有可能将资源从本可能更有效的行为上转移过来。可以从已出版的有关健康或其他学科的文献上寻找实证，同时应当开展彻底的文献搜索，重点关注元分析或系统回顾。但是，应该注意的是，并不是所有情形都有文献作为证据，具体受影响人口的特征、地点或提议的本质都可能意味着会有很少的文献支持提出的建议。在这种情况下，就需要从其他途径，如主题领域专家、当地居民或其他关键信息提供者那里找到有关建议有效性的证据或信息。

4. 应减少伤害，同时增加健康效益

提出的建议能够避免或减少项目或政策提案的潜在不利影响，这点十分重要。对 HIA 来说同样重要的是，应该提出可以抓住机会通过项目或政策促进健康发展或者产生健康效益的建议。

5. 应当具体详细，具有可操作性

要想取得最大限度的有效性，建议应当具体到要做什么、由谁负责。这就要求包含以下细节：

- 应该采取的行动〔例如，要求雇用前注射疫苗以预防破伤风、白喉、麻疹、腮腺炎、风疹、甲肝和乙肝〕。

- 采取这些行动的理由（例如，传染病控制专家极力推荐在公共场所工作的人打这些疫苗）。

　　● 何时开展行动，开展的频率如何（例如，交通事故报告应当在建筑活动开始后，每三个月开展一次）。

　　● 由谁负责，负责的机构可以具体到每个职位（例如，这条建议的实施应由 X 公司的职业健康和安全团队负责）。

　　● 建议采取的行动与其他规划是如何匹配的（例如，建议与 X 公司当前对项目的紧急响应草案匹配）。

　　6. 应该尽可能让实施者采纳这些建议

　　并不是所有 HIA 建议都由一个组织实施。有些建议适合项目开发者实施，有些则更适合由当地或地区公共卫生部门或市政府部门实施，或者由它们联合实施，甚至对于单个 HIA 或解决一个问题来说也是这样的。例如，为了减少行人受伤的危险，项目开发者可能要求采取［与交通线路和公司司机行为相关的］行为；主管公路的市政部门可能要求采取［与交通指挥或道路基础设施改善有关的］行为；当地公共卫生部门可能要求采取［与伤病监测相关的］行为。

　　将要采取建议行为的组织在管辖权和组织实践方面有具体的任务和限制。如果建议被应用在这些组织的实践框架内，则很有可能实现。对政府来说，这可能意味着要使用易于纳入特定立法框架或可作为法规、条例、分区要求的语言来起草建议（Committee on Health Impact Assessment，National Research Council，2011）。对私有组织来说，这意味着要用符合商业运营范例的方式制定建议。

决策者参与建议制定

　　正如本章开头所说，有些 HIA 的建议制定可能有决策者——即将要实施建议的人——的参与。根据受评估项目/政策的不同，决策者可能代表私营企业，或由市政机关或其他政府部门构成。正如 HIA 其他方面那样，让决策者参与建议制定既有优势也有劣势。表 10.1 列出了一些优缺点。最大的优点就是，使当地利益相关者或社区居民有机会直接接触决策者。这不仅能使决策者直接听取社区居民担心的问题和他们的建议，有时也能使决策者在公共场合当场做出承诺。最大的缺点就是，有些利益相关者在某些决策者在场的情况下，可能不会提出意见，HIA 的建议方向可能因外界压力而产生偏离。这些缺点也都可以避免——例如，给社区利益相关者单独提意见的机会，或者详细描述 HIA 所使用的方法。

表 10.1　决策者参与建议制定的优势与劣势

优势	劣势
更有可能提出实际可行的建议	有些利益相关者可能在决策者在场的情况下保持沉默，这有可能不利于开放性讨论
可以促进决策者和居民/主要利益相关者之间的直接讨论	可能使 HIA 实践者在压力下减少或排除某些建议
决策者可能在建议制定或承诺减轻健康影响上付出更多	使 HIA 建议看起来有偏见或 "被收买"，即使事实并非如此
提供了确保承诺会实现的机会	
可能引出具体全面的信息作为建议的一部分，因为与决策者一起工作使 HIA 实践者能够确定如何更好地实施建议	
制定建议可以更好地知晓决策者正在筹划的减轻影响的活动，可以使建议更符合其他评估或活动规划	

建议的格式

只要建议的内容清楚明了，建议的格式可以根据 HIA 的风格改变。大部分 HIA 建议包含在 HIA 本身之内，或者作为特定健康问题领域（例如住房、传染病传播等）的一部分提出，或者作为包含所有与健康领域相关的建议的单独章节。

有些 HIA，特别是那些针对工业或资源开发项目提议的 HIA，会制定所谓的 "健康行动计划"。健康行动计划是一个独立的文件，详细描述了为使项目减少健康风险、达到监管要求而必须采取的行动。例如，对于受国际金融公司等国际银行资助的项目，必须制订健康行动计划，同时项目支持者必须服从健康行动计划以获得项目资金。这一要求解决了 HIA 建议的一个劣势，那就是建议有可能被忽视。制订健康行动计划的外部要求使 HIA 建议具有强制性。即使并不要求制订健康行动计划，HIA 包含类似健康行动计划的事项也是一大优势，因为它有利于建议的理解和实施。

最后，应该注意的是，并不是所有受 HIA 评估的项目/政策都适合制定具体可行的建议。这点对于政府内部的高规格政策或早期开展的 HIA 来说尤为正确。显然，政策制定是一个高度政治化的过程，因此 HIA 可能没有权力提出具体的建议，更改政策。在这种情况下，HIA 只能从健康角度宣布是否支持这项政策，或者在几个有限的政策提议中推荐一个。

案例研究

以下案例节选了四个已发布的 HIA 中的建议，这四个 HIA 针对不同的项目和政策展开。之所以选择这些案例，是因为它们十分有效，并体现了许多前面提到的关键因素。

案例一

案例名称：俄勒冈州农场进校政策 HIA

负责机构：上游公共卫生组织

年份：2011

地点：俄勒冈州

评估的项目、计划或政策 俄勒冈州 2011 年制定的农场进校和学校菜园法案，计划为购买俄勒冈州自产、处理、打包和装运食品的学校提供补助，同时对学校菜园、农业和营养教育提供补助。

此项建议的优势 以下建议的书写方式简单易读，可以让一个非健康领域的专家看懂。它清楚地表达了建议的合理性以及建议是如何与健康结果联系起来的。同时，它也清楚地表达了为修改旨在实现健康目标的政策应该进行的具体行动。

　　我们建议修改 HB 2800，以明确说明虽然所有学校都可以获得补助，但是农业和营养教育补助应优先给予以下学校：（1）服务于低收入学生群体，40％的学生可以获得免费或降价食物；（2）学校的学生类型多样，20％或更多的学生不是白种人；（3）学校地处农村或食物有限的城市地区，12％或更多的学生家庭收入低，居住地距离商店超过 10 英里。我们制定这项政策修订案是为了保证俄勒冈州年轻人，包括那些缺少食物的家庭、少数民族或面临超重风险的群体，以及居住在食物有限地区的人们优先得到补助。

（Upstream Public Health，2011）

案例二

案例名称： 乡间运动场开发项目快速 HIA

负责机构： 人类影响合作组织、洛杉矶社区行动网络、洛杉矶法律援助基金会、洛杉矶社会责任医师协会，以及由受影响居民组成的专门小组

年份： 2012

地点： 加利福尼亚州洛杉矶

评估的项目、计划或政策　安休斯娱乐集团（AEG）计划在洛杉矶的南方公园地区开发一个名为乡间运动场的新项目。项目内容包括修建一个新的体育场，并拆除几个已有建筑。

建议节选　建议由 HIA 小组和受影响居民组成的专门小组共同提出，因此代表了居民对中产阶级化、承受力、拆迁、失业和安全等问题的担忧。HIA 表示，建议的目的在于"在不产生额外不利影响的情况下，减轻〔HIA 报告中列出的〕消极健康影响。专门小组和 HIA 小组相信，这些建议具体可行、可监控且具有执行力，在技术和经济上都可行，而且效果明显"。这些建议还提供了新的信息，如果没有进行 HIA，这些信息将不会成为拟议开发

项目的一部分。以下是部分建议节选：

因为乡间运动场项目会影响就业情况：

● 作为乡间运动场项目的一部分，AEG 将订立一份当地就业雇用协议。当地低收入居民将受雇于 30%～35% 的建筑职位，以及 40%～50% 的长期职位（包括长期全职和兼职职位）。只要体育场还在运营，就必须实现这一当地人口受雇比例。以下居民将优先受到雇用：

——距离体育场最近地区的低收入居民；

——失业率最高地区的低收入居民；

——因为体育场建设而搬迁的居民，尤其是低收入居民。

另外，体育场建设项目所产生的工作所要求的资质与工作职责直接相关，不包括可能使当地居民不符合要求的其他条件（例如，信用核查、逮捕记录）。雇用应遵循最严格的管理要求。此外，当地雇用协议包括受 AEG 资助实施的监管和执行计划，涉及居民和利益相关者。

● 按照联邦、州或当地（洛杉矶）管理要求，乡间运动场项目产生的工作应提供最低生活工资。除最低生活工资外，乡间运动场产生的所有长期工作岗位都应该向员工提供全部的健康福利。

● AEG 应出资建立一个培训和雇用项目。项目应重点关注面临严重就业困难的人口，包括但不限于以下群体：

——临时工（尤其是来自市中心临时工中心的工人）；

——以前进过监狱，现在重返劳动市场的劳动力；

——单亲家长/家庭支柱；

——无家可归的居民。

AEG 应当同 IDEPSCA（南加利福尼亚人民教育学院）、LACAN（洛杉矶社区行动网络）等其他类似机构共同建立这一培训/雇用项目。

● 乡间运动场开发项目应当为当地小型企业、手工业者和社会服务提供合适的区域和时间来售卖商品，以便直接为社区提供服务，并将有比赛和没比赛的情况都考虑进去。售卖区包括体育场内部区域、停车场以及体育场周围的绿地。这些售卖区应当低价或免费提供给上述群体。售卖区至少要有当前的吉尔伯特林赛公园这么大。规定场地内交易和服务的条件不能限制经营。此外，AEG 应当出资建立绿色企业孵化器，帮助体育场地区 20～30 岁的低收入企业家，帮助他们在当地创业。（Human Impact Partners，2012）

案例三

案例名称： 叉骨山采矿草案 HIA
负责机构： 纽飞尔公司
年份： 2012
地点： 阿拉斯加州
评估的项目、计划或政策　叉骨山采矿草案是一个有争议的煤矿提案。叉骨山矿场位于阿拉斯加南部的索顿市，这片区域拥有广阔的煤炭开采资源和悠久的煤炭开采历史。

建议节选　以下建议重点关注减少交通事故伤害的可能性，为项目支持者应如何采取行动提供了具体信息。其中包括进一步研究、制定公司协议和政策，改造设备和制定审计监督程序。

事故和伤害

本节的重点是与项目有关的交通事故伤害、事故以及与危险物质泄漏有关的运输。一般而言，阿拉斯加州公路上发生交通事故的风险很高，尤其是在冬季。

人们的主要担忧如下：

（1）项目会增加大型重载货车交通量；

（2）项目临近当地学校和学校运输车辆；

（3）道路及气象条件紧急应变计划及议定书。

有多种潜在的事故风险，以及可能影响当地社区、环境和基础设施的状况。

减轻影响的建议

● 对主要道路进行交通安全研究和风险分析，更好地了解交通量和道路状况。重点放在那些可能影响当地居民的工程运输地点（即学校、校车接送点等），这点十分重要。

● 为关键利益相关者制定并提出正式的路程管理流程。

● 制定和实施医疗紧急响应计划，对厂区外事故、伤害或有害物质泄漏事故进行演练。与当地、州和联邦紧急响应服务机构协调和回顾紧急应对计划。

● 每年对所有项目运输承包商进行驾驶员安全培训。

● 要求厂区外重载运输车辆安装汽车速度/位置监测设备。根据监测结果实施纠正措施。

● 制订、实施物质泄漏响应计划并定期进行有关的运输演习。包括针对具体污染物泄漏制订的居民相关活动计划（即医疗监测）。

● 为员工提供关于预防工作和项目道路相关事故的教育培训。

● 持续审核承包商车辆维护计划并定期评估车辆活动数据。

● 要求所有运输承包商进行随机酒精测试。定期审核记录。（New-Fields，2012）

案例四

案例名称：减少俄勒冈州市区车辆行驶里程的政策的 HIA

负责机构：上游公共卫生组织和俄勒冈健康与科学大学

年份：2009

地点：俄勒冈州

评估的项目、计划或政策　此项 HIA 分析了通过限制车辆使用实现温室气体减排目标的健康影响——包括空气质量、体育活动和交通事故率的变化。

建议节选　此项 HIA 清楚地说明了为何制定这些建议的实证。另外，建议也关注其本身对弱势群体的影响。这点尤为重要，因为正如 HIA 指出的那样，旨在提升整个人口健康水平的建议，可能对贫穷人口产生不利影响。

减少俄勒冈州市区车辆行驶里程（VMT）的一个方案是提高私家车出行成本。虽然提高出行成本对保持现有交通结构十分必要，但是已有文献并不认为这种做法能够减少出行、利于健康。虽然高峰期行车收费对缓解交通堵塞有积极作用，但是它并未减少驾驶车辆的人数，反而鼓励了不同的出行时间和路径。有证据显示，燃油税能够减少交通事故、减轻空气污染，从而降低死亡率，但是两个研究也表明 VMT 税能够产生更大的效益。只有那些减少私家车模式转变的政策才是对健康有益的政策。有关雇主停车费影响的研究表明，职员可能由私家车出行转向公共交通出行。

因此，最有益于俄勒冈人健康的政策是，向在大城市工作的职员收取停车费。但是，如果有些工作区没有良好的公共交通服务，则有必要制订计划改善该地区的交通服务。如果需要收税，比如燃油税或 VMT 税，则有必要确保城市低收入群体在交通上的支出不会因为不同收入水平收税计划而增加。由于低收入群体本身已面临健康不公平现象，诸如此类的额外支出将进一步影响他们的健康，从而让他们越来越难支付健康居住、健康食品或医疗费用。（Upstream Public Health et al.，2009）

参考文献

Committee on Health Impact Assessment, National Research Council. 2011. *Improving Health in the United States: The Role of Health Impact Assessment.* The National Academies Press, Washington, DC.

Human Impact Partners. 2012. Rapid Health Impact Assessment of the Proposed Farmers Field Development. http://www.humanimpact.org/component/jdownloads/finish/8/176/0. Accessed

18 June 2013.

International Finance Corporation. 2012. *Overview of Performance Standards on Environmental and Social Sustainability*, effective Jan. 1, 2012. International Finance Corporation, Washington, DC.

NewFields. 2012. *Draft Wishbone Hill Mine Health Impact Assessment.* Alaska Department of Health and Social Services, Anchorage. http://www. epi. alaska. gov/hia/Wishbone-HillDraftH-IA. pdf. Accessed 18 June 2013.

Public Health Leadership Society. 2002. Principles of the Ethical Practice of Public Health, Version 2. 2. American Public Health Association. http://www. apha. org/NR/rdonlyres/1CED3CEA-287E-4185-9CBD-BD405FC60856/0/ethicsbrochure. pdf. Accessed 18 June 2013.

Upstream Public Health. 2011. Oregon Farm to School Policy HIA. http://www. healthimpactproject. org/resources/document/Upstream-HIA-Oregon-Farm-to-School-policy. pdf. Accessed 18 June 2013.

Upstream Public Health, Oregon Health and Sciences University. 2009. Health Impact Assessment on Policies Reducing Vehicle Miles Traveled in Oregon Metropolitan Areas. http://www. upstreampublichealth. org/sites/default/files/HIA% 20VMT% 20Reduction. pdf. Accessed 18 June 2013.

第十一章
报告和传播

摘　要：　本章讨论了健康影响评估（HIA）的报告和传播部分。首先概述了为不同受众定制信息的必要性，并确定不同报告格式的利弊，包括正式报告、执行纲要、社区报告、简报以及环境影响评估中的一部分。随后讨论了传播结果的方式，以及审查有效 HIA 报告和传播的指导原则。HIA 传播的"主体、内容、方式以及时间"由一系列因素决定，包括监管要求、受众、目的、本地协议、模式和语言。这些部分总结为 HIA 报告和传播的九个指导原则。三个案例研究突出了报告和传播在实际应用中的重要性，并以此作为对本章的总结。第一个案例对专业沟通策略进行了审查。第二个案例聚焦于新技术带来的混合结果。第三个案例将报告视为一个迭代而不是静态的过程。①

关键词：　报告；传播；沟通；正式报告；执行纲要；社区报告；简报；清晰度；迭代过程

　　一旦一项健康影响评估（HIA）完成，其结果通常以书面报告的形式传

①　C. L. Ross et al. , *Health Impact Assessment in the United States*, DOI 10. 1007/978 - 1 - 4614 - 7303 - 9_11, © Springer Science + Business Media New York 2014.

送给各种不同的受众。受众包括控制政策、计划或项目的决策者，可能受到项目影响的利益相关者和特殊利益集团，参与 HIA 的个人，媒体，HIA 从业者的本地组织以及地方公共卫生机构等。报告可能很复杂，这些群体通常对叙事中应包含的细节程度、信息的包装方式、审查时间、调查结果的传播途径以及围绕传播顺序和时间的文化或组织协议有不同的期望。

HIA 已经有以各种形式记录的报告，并开始采取更为图表化的形式，这些都有助于满足读者需求或实现更有效的沟通。无论最终形式如何，HIA 的结果必须以透明和公正的方式呈现。这些信息需要逻辑清晰地构建每一部分，相关的支持材料包括数字、图表和附录。它还需要提出解决具体问题的所有方面和实证。需要注意的是，HIA 的结果可以被各种组织用于传播，然而，HIA 报告本身不应该是一个突出显示某些结果而同时掩藏其他结果的文件。

书面报告

通常，HIA 的结果会生成一种或多种类型的书面报告。可能采取以下几种形式之一。

- 正式报告：正式的 HIA 报告记录了评估的方法和结果。这些报告的长度通常为 25 ~ 150 页，旨在全面描述 HIA 所有相关方面的细节，以便能够经受得住审查（见框 11.1）。

——利：正式报告允许对 HIA 的流程和结果进行完整的报告和透明的记录。

——弊：正式报告的长度和详细形式可能不适用于一般受众。

框 11.1　正式 HIA 报告的典型目录

执行纲要

引言

引言应包括对健康的定义以及进行 HIA 的原因。

> **项目/政策评估描述**
>
> **社区概况/基线描述**
>
> **政策背景**
>
> 政策背景应描述影响项目/政策如何实施的与健康相关的立法、政策和法规（例如相关噪声或废物条例）。
>
> **HIA 方法**
>
> 除了其他要素，HIA 方法应该描述 HIA 的定义和目的、HIA 项目团队、所使用的分析方法以及利益相关方的参与方式。
>
> **要评估的健康问题范围**
>
> 本节应描述范围界定的结果，包括哪些健康问题将纳入评估，以及哪些健康问题经考虑后放弃。
>
> **评估结果/影响**
>
> 评估结果/影响可以以许多不同的方式进行组织：围绕项目/政策组成部分、围绕健康的决定因素，或围绕健康结果。但是，评估报告应包括对影响途径的描述（如逻辑框架）、对健康和健康决定因素预测变化的描述，以及对潜在影响的程度的描述。
>
> **减轻和增强结论的建议**
>
> **总结/主要结论摘要**
>
> **参考文献**

● 执行纲要：HIA 的执行纲要（2～10 页）通常在正式报告的开头，或者作为独立的文件。适用于没有时间或兴趣来阅读整个正式报告的读者，它简洁地描述了 HIA，通常遵循与该报告相同的结构，并包括方法概要、范围界定结果、评估结果、建议和结论。

——利：执行纲要为读者提供 HIA 的概括版本，重点在于结果、影响和建议。

——弊：执行纲要对于读者来说可能太简短了，难以了解 HIA 或理解它的意义。执行纲要也经常从作者的角度出发，而不是围绕对利益相关者来说重要的问题。

　　● 社区报告：社区报告旨在向具体的利益相关群体（通常是受影响社区的居民）呈现结果。社区报告往往特别注意避免使用术语和技术语言，并以与指定利益相关群体相关的方式呈现 HIA 的调查结果。

　　——利：社区报告的语言、篇幅和布局是针对不熟悉情况的受众定制的，内容侧重于与社区最相关的领域。

　　——弊：社区报告不太可能满足所有"社区"受众的需求，也就是说，可能需要多个版本。

　　● 简报：简报以视觉吸引的形式提供 2 ~ 4 页的摘要报告。它旨在激发读者的兴趣，引导其通过更长的版本或以其他方式获得更多信息。简报使读者迅速从主题背景及其与具体 HIA 的事项和情况的相关性出发，直到了解对所预测的健康影响和主要建议的总结。

　　——利：简报有助于吸引读者阅读。

　　——弊：简报是一个不完整的文件，需要查看其他的材料，以便让读者彻底了解 HIA 的含义。

　　● 环境影响评估报告：作为环境影响评估（EIA）/环境影响报告（EIS）的一部分进行的 HIA 通常是该环境影响评估报告的部分章节〔见第三章有关环境影响评估、社会影响评估（SIAs）和其他影响评估的内容〕。HIA的形式和方法通常受到环境影响评估总体方法的约束，也受到环境影响评估监管或法律要求的限制。环境影响评估报告一般都很长，通常有数千页。

　　——利：HIA 成为公共记录和决策过程中的一部分，同时作为环境影响评估报告的一部分，它可能在法律层面具有执行力。

　　——弊：HIA 可能被"埋没"在典型 EIA 的大量材料中，HIA 可能无法通过自己的方式进行描述或让读者明白。

传播

　　HIA 报告对将各项调查结果和建议传达给各利益相关者进行明确规划。

监管要求、受众、目的、本地协议、模式和语言将决定 HIA 传播的"主体、内容、方式以及时间"。

● 监管要求：如果将 HIA 结果视为官方监管决策过程的一部分，可能需要提交 HIA 结果。

● 受众：HIA 调查结果的受众包括控制政策、计划或项目的决策者，可能受到影响的利益相关者和特殊利益集团，参与 HIA 的人员，媒体，HIA 从业者的本地组织以及地方公共卫生机构等。

● 目的：传播结果需要考虑这样做的主要目标。这些目标被确定为具体的（Specific）、可测量的（Measurable）、可实现的（Achievable）、以结果为中心的（Results-centered）、有时限的（Time-bound），也就是通常所说的 SMART（CDC Division for Heart Disease and Stroke Prevention，2008）。

● 本地协议：应保证决策者或利益相关者能够首先看到报告，并规划如何公开。

● 模式：从业人员可以使用各种方法传播调查结果。标准方法是将各种报告版本制作为纸质版和电子版、举行新闻发布会、在各种观众面前公布演示结果。可能扩大报告影响的其他方法，如将 HIA 或特定健康话题的总结书和概况表发送给审议该项目的决策者。

● 语言：将报告翻译成相关语言（英语除外）是有效传播成果的另一个方面。当在一个非英语国家或文化水平较低的社区工作时，翻译尤其重要。为了解决普遍的识字问题，研究结果可以转换成图片，从而使读者，无论识字水平如何，都能够自己阅读、评估和解释结果。有些受众更喜欢以口头而不是书面的形式接收信息，这也是应该考虑的问题。

HIA 报告传播指导原则

为尽可能地使书面报告有效且可交流，需要记住几个一般原则。

（1）使用简单、清晰的语言，尽可能避免使用专业术语。

（2）首先介绍最重要的信息，不能默认读者会通读整个文件。[①]

（3）将 HIA 调查结果与读者的利益联系起来。

（4）在 HIA 的建议中明确写出行动步骤。

（5）强调建议所体现的健康效益的重要性。

（6）鼓励受众、媒体和利益相关者将各种类型的报告成果分享到各自领域。

（7）让利益相关者共同参与呈现结果的过程。

（8）酌情将报告翻译为其他语言。

（9）将视觉辅助工具作为翻译和快速有效传达健康影响的另一种方法。

案例研究

案例一

案例名称：《加利福尼亚州健康家庭和健康工作场所法案》HIA

负责机构：人类影响合作组织

年份：2008

地点：加利福尼亚州

专业的交流策略 人类影响合作组织是一家位于加利福尼亚州奥克兰市的非营利机构，它指出，成功实施 HIA 报告的关键因素是要有深思熟虑的沟通策略。"报告本身只能让你勉强合格。为了真正与其他 HIA 有所不同，你需要与 HIA 工作上的合作伙伴进行更深入的沟通。"有效的沟通策略需要利益相关者的积极参与、经过精心组织的关键信息，以及各种受众能够接受的

---

① 将重要信息放在前面的这种形式是由加拿大卫生服务研究基金会（CHSRF，2001）开发的1∶3∶25结构。"1∶3∶25"是指报告每一部分的页数比例，一页显示报告的项目符号等主要信息，随后是一份 3 页的执行摘要和一份 25 页的技术报告。"一页"是密钥。它不是对所有方法或发现的总结，而是决策者应该从研究中吸取的经验教训。正如 CHSRF 所说："这是你的机会，根据你的研究，告诉决策者你的工作对他们有什么影响。"在 HIA 中，这些可能是建议，因为它们是关于 HIA 最有价值的信息（Harris et al.，2007）。

材料和渠道。反之，如果没有制定沟通策略，不论是缺乏良好的沟通计划还是没有相关人员的参与，HIA 的潜在触及范围和影响力都会受限。

人类影响合作组织在 2008 年 7 月完成了关于《加利福尼亚州健康家庭和健康工作场所法案》的 HIA，以此保证加利福尼亚州的工作人员都有带薪病假。目前在美国约有 40% 的雇员没有带薪病假，这些人主要是低收入雇员，多在食品和餐饮业工作。这一 HIA 的一个重要发现是，让雇员带病工作可能会导致传染病通过食物制作和分销链传播。人类影响合作组织解释说："在这样的情况下，不仅仅是工人，我们所有人都会受到影响。如果生病的话，有带薪病假的工作人员就可以休息了，这会使加利福尼亚州的所有人受益。"

为了传播他们得到的信息，人类影响合作组织向通信专家寻求合作。在通信专家的帮助下，他们完成了 4 页彩色报告，并向媒体渠道发送了他们的 HIA 调查结果和主要信息的新闻稿。结果证明，这是很有效的。西班牙语电视台、国家公共广播电台（NPR）、当地一些报纸（《旧金山纪事报》《奥兰治县纪事报》）以及网络杂志和博客都进行了报道。健康观点的相关性之前只是被当作"就业问题"。这个案例说明当从业人员聘请通信专家帮助他们发送信息时，HIA 可能产生的重大影响。这种独特的沟通策略证明了将 HIA 的研究结果通过正确的方式传达给合适的人群是非常有效的（Human Impact Partners，2008）。

案例二

案例名称： 金矿开发 HIA
负责机构： 环境资源管理组织
年份： 2012
地点： 美国西南地区
新技术的混合结果 据全球环境、健康、风险和社会咨询服务提供商环境资源管理组织（ERM）了解，将 HIA 的结果传达给利益相关者时所使用的技术类型可能会影响报告成功与否。虽然新技术可以成为提供信息和促进

HIA 讨论的有效方式，但仍需要认真构思相关计划，以确保利益相关者的参与。因为并不是所有群体都是新信息技术的平等使用者，所以这些方法的成效可能会受到影响。

2012 年 1 月，ERM 在美国西南部的一个金矿开发项目上进行 HIA 研究时，认识到了这一重要的教训。ERM 制定了初步的 HIA 报告，概述了利益相关者的一些主要影响和早期建议。为了收集更多意见，该公司在两个不同的时间点与内部项目利益相关者（黄金矿业公司）和外部社区利益相关者（企业、卫生机构、公共事业单位、城市官员等）分享了这些发现。在第一轮沟通中，ERM 与外部社区利益相关者（包括公共卫生和安全小组）举办面对面研讨会。但让人意想不到的是，研讨会期间出现了严重的风暴。由于紧急天气，公共卫生和安全小组无法参加。在第二轮会面时，因预算有限，ERM 选择举行 WebEx 演示，向内部项目利益相关者介绍其初步调查结果，并为公共卫生和安全小组提供了参与的机会。（WebEx 是类似于电话会议的通信技术，允许不同地点的参与者通过网络浏览器来观看直播视频和讲话演示。）

WebEx 会议有成功之处，也有不足。来自黄金矿业公司的项目人员在这种通信方式方面有丰富经验，他们能聚集在会议室，保证较高的出勤率和会议效率。而对公共卫生和安全小组（成员约 5 人）来说，效果并不理想：出席人数为零。ERM 表示："我们没有确定未出席的原因，可能是因为技术问题、计划冲突或缺乏提醒。"回想起来，ERM 注意到，为了提高 WebEx 会议的出席率，应该采取一些措施，例如检查公共卫生和安全小组是否具有参与 WebEx 会议的能力，会议前确认是否每个成员都能参加，提前 1 天发出会议提醒，在与参与者的工作安排不冲突的时间举行会议。然而，ERM 指出，公共卫生和安全小组成员并不像其他利益相关者一样拥有灵活的工作时间。第三次尝试通知公共卫生和安全小组成员，并征询他们对初步调查结果的意见时，ERM 向他们发送了一份报告的草案以及联系方式，以便他们回复相关评论。这个案例说明，成功的 HIA 报告是具有包容性的，对于新技术也需要进行一些特殊的考虑。

案例三

案例名称：俄勒冈州农场进校政策 HIA
负责机构：上游公共卫生组织
年份：2011
地点：俄勒冈州

报告是一个迭代过程　成功实施 HIA 报告的一个关键可能在于采用新的方法。来自上游公共卫生组织（这是一个研究和发现创新方法以改善俄勒冈州公众健康的非营利性组织）的 HIA 从业者说："我不是在 HIA 的最后环节才构思报告，""我在每个阶段都会思考 HIA 的报告。"

上游公共卫生组织在 2011 年对俄勒冈农场进校政策和校园菜园政策进行评估时，就深入应用了这一迭代方法。农场进校政策和校园菜园政策将保证学校可以低价购买在俄勒冈州生产、加工、装运的食品。该政策还将为学生提供农业和营养教育以及学校菜园方面的资金支持。

在进行 HIA 的过程中，上游公共卫生组织进行了几项活动，以"实地证明"结果和建议。上游公共卫生组织举办了一个公开论坛，以获得关于 HIA 草案的反馈意见。"我们请公众告诉我们：你知道了我们得出的结果，也知道了为什么，现在你怎么想？我们是不是漏掉了什么？还有其他地方要补充吗？"在建议阶段，上游公共卫生组织还与决策者合作。"州或联邦一级的建议类型可能非常全面，必须多次修改，这样才能让特定社区获得最佳的健康益处。你必须要起草并反复修改。"

这些互动活动有助于参与者和公众了解上游公共卫生组织正在做 HIA 的原因，以及他们如何得出最后结论。所以最终报告出炉时，"它不是凭空产生的"。（Upstream Public Health，2011）

参考文献

CDC Division for Heart Disease and Stroke Prevention. 2008. *State Program Evaluation Guides*：

Writing SMART Objectives. Department of Health and Human Services, Centers for Disease Control and Prevention. Atlanta.

CHSRF. 2001. *Communication Notes*: *Reader-Friendly Writing* 1:3:25. Canadian Health Services Research Foundation. Ottawa.

Harris, P. , Harris-Roxas, B. , Harris, E. , Kemp, L. 2007. *Health Impact Assessment*: *A Practical Guide*.

Centre for Health Equity Training Research and Evaluation, University of New South Wales. Sydney.

Human Impact Partners. 2008. A Health Impact Assessment of the California Healthy Families, Healthy Workplaces Act of 2008. http://www. humanimpact. org/doc-lib/finish/5/72. Accessed 18 June 2013.

Upstream Public Health. 2011. Oregon Farm to School Policy HIA. http://www. healthimpact-project. org/resources/document/Upstream-HIA-Oregon-Farm-to-School-policy. pdf. Accessed 18 June 2013.

第十二章
评价

摘　要：　本章是对 HIA 评价阶段的概括。虽然并不是所有 HIA 都包含这一阶段，但评价阶段有助于巩固 HIA 价值的证据基础，为未来的 HIA 实施提供改进指导，并向资助者和利益相关者展示 HIA 实践者的责任。本章描述了 HIA 评价阶段的目的、方法和结果。本章介绍了形成性 HIA 评价和总结性 HIA 评价。两种方式的差别主要在于将结果反馈给 HIA 准备者及其团队的时间。本章也介绍了三类主要的 HIA 评价类型：过程评价（评价如何实施 HIA）、影响评价（评价 HIA 对决策者的直接影响）和结果评价（评价 HIA 对健康结果的长期影响）。之后，本章提出了详细的 HIA 评价研究问题提纲以及有可能用到的数据源。本章介绍了几个 HIA 案例，重点突出了其评价的形式和结果。①

关键词：　评价；资源限制；总结性评价；形成性评价；过程评价；影响评价；结果评价；SMART

　　评价是判断一项政策、项目或工程是否实现其目标的主要方法。评价有

---

①　C. L. Ross et al. , *Health Impact Assessment in the United States*，DOI 10. 1007/978 – 1 – 4614 – 7303 – 9_12，© Springer Science + Business Media New York 2014.

助于一个组织或机构判断活动的价值和有效性，帮助它们确定应改进和改变的地方。在 HIA 中，评价包括回顾 HIA 过程，回顾 HIA 对不同受众（如决策者、其他利益相关者和负责 HIA 的组织）的影响，回顾 HIA 对健康结果的影响。

人们普遍认为，在 HIA 中增加评价阶段是一个很好的实践（Kemm，2012；Harris-Roxas and Harris，2013）。通过展示 HIA 成果，评价可以说明 HIA 对规划过程的价值（Quigley and Taylor，2003）。这点与问责制的必要性和 HIA 资源使用的合理性紧密相关（Ali et al.，2009）。自我反思和评价阶段的学习可能促进 HIA 实践，这不仅适用于 HIA 实践者或组织，也适用于 HIA 社区的居民，其前提是评价结果得到传播。

但事实上，不论是在美国还是世界其他地方，很少有对 HIA 进行评价的，已公开的 HIA 评价案例也少有针对公共领域的。正如泰勒等人所发现的："目前没有一个回顾性实证表明 HIA 方法是否说明了决策过程、是如何说明的，尤其没有证据表明 HIA 是否提高了健康水平、减少了健康不公平现象。"（Taylor et al.，2003）如果没有以实证为基础的评价，我们很难判断 HIA 的有效性（Quigley and Taylor，2004；Harris-Roxas and Harris，2013）。

很少有 HIA 包含评价阶段，最主要的原因是资源限制。许多组织努力收集实施 HIA 所需要的资源（包括资金和人力资源），并不愿将更多资源分配给评价阶段。其他限制 HIA 评价阶段的因素包括：

- 开展评价的能力有限；
- 对研究、监督和评价的认识模糊；
- 资助者对实施 HIA 评价的资助有限；
- HIA 过程的开展时间有限，限制了进行评价的时间；
- 在评价对象方面（过程、影响或结果——见前文）缺少共识。

评价方法

评价是一门特殊学科，它拥有自己的方法和专门从事这一领域的专业人员。可以委派一个外部专家开展 HIA 评价。这样做有很多优势，其中包括高质量的评价以及公正结果的呈现和建议。但是，这样做成本太高，也可能进一步限制完成评价的数量。不过即使他们不是经过培训的评价人员，也可以让 HIA 团队的一部分人完成评价过程（Quigley and Taylor，2004）。让其他 HIA 利益相关者参与整个评价过程也很有用。

应该有一个评价计划指导整个评价过程，这一计划应该清楚地说明评价过程的目标、分析方法和整体框架。清楚地建立这些因素十分重要——即使是在 HIA 开始之前。计划应该包括以下信息：

- 利益相关者的作用和责任以及评价小组成员；
- 根据 HIA 目标制定的评价目标；
- 实施评价计划需要的费用和资源；
- 应回答的研究问题；
- 逻辑模型是否有用；
- 进行评价时使用的指标、研究方法和工具；
- 确定要使用的数据以及如何收集这些数据；
- 数据收集时间线和负责人；
- 将评价计划通知到利益相关者、小组成员和决策者的策略，以及后续的沟通策略。

虽然评价是 HIA 过程中的第六步，但不一定要等到前五个阶段完成后再开始评价阶段，也可以在进行 HIA 前几个阶段的同时进行评价。评价结果反馈的时间是总结性评价和形成性评价的重要区分点。总结性评价通常出现在 HIA 过程的末期，重点在于总结项目的影响、结果和有效性。形成性评价旨在告知 HIA 过程，并持续提供可能增大 HIA 最终成功可能性的反馈意见。形成性评价强调过程、需求评估、实施过程和项目结构（Ali et al. ，2009）。

如图 12.1 所示，评价遵循有结构的方法，这一方法在很多方面与整个 HIA 的其他步骤平行。评价方法首先确定目标和资源、相关研究问题和指标、数据收集、数据分析以及评价结果报告和传播。

评价类型包括过程评价、影响评价和结果评价。下面描述的评价类型可以用于 HIA 评价过程。每类评价回答了不同问题，使用哪种类型的评价取决于受评估的活动的类型以及评价的目标。

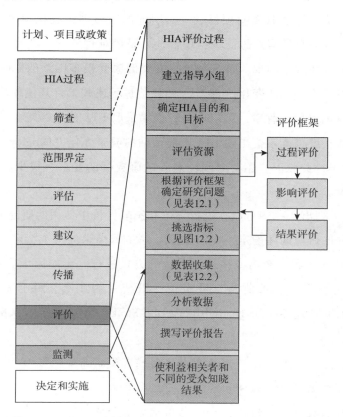

图 12.1　HIA 评价的概念模型（改编自 Taylor et al.，2003；
Quigley and Taylor，2004）

过程评价　重点关注 HIA 的程序要素。过程评价评估 HIA 设计和实施方式的有效性，包括前期准备、研究、报告、参与情况和后续活动。过程评价有助于为以后的 HIA 总结经验教训，旨在向 HIA 实践者和利益相关者说明为什么一个 HIA 是成功或失败的（Taylor et al.，2003）。过程评价需要的时间最短，需要的资源最少。

影响评价　评估 HIA 对决策者和其他利益相关者的影响。影响评价评估 HIA 目标实现的程度，以及 HIA 建议接受和实施的程度（Taylor et al.，2003）。

影响评价提供了改进 HIA 结果的沟通方式以及如何增加决策者和其他参与者接受建议的可能性的经验（Ross et al.，2012；Dannenberg et al.，2006）。

结果评价　评估 HIA 对项目或政策引起的人口健康变化预测的准确性。结果评价，或许是最有意思的一类评价，也是最难理解的一类评价，经常受很多因素影响而难以实现。第一个是，人类健康受很多因素的影响，确认是哪个因素引起观察到的变化（即 HIA 的评估过程或政策、其他环境或社会影响）是非常困难的一件事。第二个是，如果采取 HIA 建议，避免了对健康有损害的因素，就可能不会出现 HIA 之前预估的健康变化（Quigley and Taylor，2004）。出于这些原因，还有时间长短和健康数据的要求，很少有 HIA 尝试用结果评价。

表 12.1 列出了一些可以在过程评价和影响评价中使用的研究问题。

写得好的研究问题确定了 HIA 过程、影响或结果的一个特定方面，并以准确评估 HIA 过程、影响或结果的质量的方式进行。正如第十一章提到的，研究问题应该具体、可测量、可实现、以结果为中心，并且有时限，即 SMART（CDC Division for Heart Disease and Stroke Prevention，2008）。

> 具体（Specific）——人们什么时候获得服务或受影响
>
> 可测量（Measureable）——定量或定性
>
> 可实现（Attainable）——范围缩小至合适
>
> 以结果为中心（Results-centered）——与项目目的和目标紧密相关
>
> 有时限（Time-bound）——详细说明测量的时间框架

表 12.1　建议在过程评价和影响评价中使用的研究问题（Taylor et al.，2003）

建议在评价中使用的问题	
过程评价可以提供与 HIA 有效的原因和 HIA 如何开展相关的经验教训，包括：	**影响评价**能够考虑 HIA 是否有效、表现如何，包括：
如何进行 HIA——包括有关时间、地点、地理区域、受影响人口的细节；提议想要实现什么目的？使用的方法是什么？	如何使决策者接受并实施建议？决策者什么时候接受并实施建议？以及什么因素促成了这些？

建议在评价中使用的问题	
过程评价可以提供与 HIA 有效的原因和 HIA 如何开展相关的经验教训，包括：	**影响评价**能够考虑 HIA 是否有效、表现如何，包括：
使用的资源（资金、人力、时间）有哪些？相关的机会成本是什么？	建议遭拒的可能原因是什么？
使用的证据是什么？如何提出建议？	HIA 实现了目的和目标吗？
如何评估健康不公平现象？	与 HIA 相关的其他影响是什么？例如，提高合作完成效率，或提高当地健康需求，将健康放在合作机构的议程上，或组织发展、组织内部、组织之间的新工作方式
如何形成建议？如何对建议排序（什么因素影响了决策过程）？	
决策者如何参与这一过程？他们的期望是什么？依靠有限的资源，他们实现这些期望了吗？	
什么时间、如何将建议传达给相关决策者？	
参与 HIA 的人如何评价这一过程？	

评价指标和数据收集

数据是 HIA 评价最重要的方面之一，评价通常主要依靠定性数据源，辅以一些定量数据。根据选择的评价类型，确定一组评价指标。过程评价指标包括与过程相关的因素，如利益相关者是否在 HIA 过程的关键阶段确定下来，并参与其中；是否传阅了会议纪要；是否有足够的人员或其他资源。影响评价指标由以下因素构成，如在整个 HIA 过程中合作是否有效，健康问题是否在当地议程中更为突显，或者决策者是否考虑 HIA 建议。结果评价指标则更注重人口健康数据以及与影响健康的社会因素相关的指标。图 12.2 给出了过程、影响和结果评价中可以使用的一些指标。

有很多数据源可以用来提取与选中的评价指标相关的数据。有些数据（例如会议时间或会议纪要）可能在 HIA 过程中产生，有些信息则需要通过与 HIA 小组、实施 HIA 的组织、决策者或者其他利益相关者的访谈或讨论来收集。表 12.2 列出了一些可以在评价阶段使用的定性或定量数据源。

过程评价指标

- 确定主要利益相关者，并使他们参与整个 HIA 过程的关键阶段
- 设立参照组或指导小组开展/监督工作
- 个人花在特定阶段的时间
- 利益相关者收到的所有会议纪要
- 最易获得的证据，以及如何整理证据
- 社区居民参与过程；谁将参与过程？多久参与一次？如何看待这种参与？
- 可以参与 HIA 的人员；要求的经验和培训
- 评估是否符合时间点；如果不符合，为什么？
- 在恰当的时间以恰当的方式向决策者说明建议

影响评价指标

- 合作有效进行的实证
- 社区发展，如当地代表获得发展、社区组织支持、当地居民获得权利并且增加了技能和信心
- 健康问题在当地日常事务上更为突显
- 没有参与 HIA 的人更了解患病（健康的社会模型）的原因
- 决策者考虑 HIA 建议
- 决策者采纳的建议以及对提议做出的改变
- 提议实施的改变（可能要求更长时间的监控）

结果评价指标

当地人口在健康、社会、教育和就业方面状况的改善，例如：

- 生活质量、幸福感和安全感的提升
- 建议和支持服务、福利、儿童医疗服务、日托服务增加
- 提供并参与教育和培训
- 住房质量提高，可获得经济适用房，残障人士得到安居
- 事故、犯罪、压力、旷课、社会排斥水平降低
- 患哮喘、抑郁、跳楼、毒品/酒精滥用、抽烟和住院等现象减少
- 体育活动、营养摄入、社会轰动和健康的性行为增加
- 不同社会群体差距缩小、不公平现象减少

图 12.2　HIA 评价指标（Quigley and Taylor，2004）

表 12.2　HIA 评价的数据源（改编自 Quigley and Taylor，2004）

定性数据	定量数据
HIA 监控数据	HIA 监控数据
个人采访	调查问卷和调查反馈
小组讨论	二手数据

定性数据	定量数据
报告、会议记录、手册和计划	参会者名单
日记/日志	
参与者的观察	
照片/视频	
调查问卷和调查反馈	
案例研究	
媒体（报纸文章、博客等）	

如同 HIA 过程的其他步骤，为评价收集的数据必须按符合道德的方式完成，保证参与者信息的保密性，明确信息收集、存储、使用和公开的方式（Quigley and Taylor，2004）。

评价报告

应当以报告的形式呈现评价结果，报告应清楚地描述评价使用的方法、发现的结果以及评价小组提出的任何建议。报告可以非常详细、正式，也可以具有大量信息，但是语言要简洁。报告的目的相同：为 HIA 的有效性（缺少有效性）提供证据；提供反馈，指导以后的 HIA 实践。不论采取何种形式或方法，评价报告都应公正透明、不偏不倚。

最后，评价结果的传播也是一个在评价之时就应考虑的重要方面。很多人可能出于不同的原因对评价结果感兴趣。这些人通常包括向评价贡献信息的人、HIA 资助者、政策/项目或 HIA 过程的利益相关者、HIA 小组和 HIA 实践者。

HIA 评价的经验教训

虽然评价看起来像一个繁重复杂的任务，我们应该记得评价的目的是改进 HIA 实践，促进有效的 HIA 的使用。同样的，即使是一个使用有限资源、耗时短的小型评价也比什么都不做有用。

根据泰勒等人的说法，一些高水平评价的经验如下：

- 评价可以提供信息，改进 HIA 实践；
- 通过说明 HIA 促进了决策过程、产生了高质量决定，使人们更加支持 HIA；
- 跟踪决策者、资助者、利益相关者和社区代表如何接受和实施建议，有助于建立问责制；
- 应在 HIA 开始阶段考虑建立评价过程，以确保其完成；
- 应建立单独的评价预算，以确保充足资源；
- 采纳不同利益相关者的观点可以丰富评价，但也可能带来挑战，尤其是在交流结论阶段。

案例研究

案例一

案例名称：HIA 评价：克拉克县自行车道和人行道总体规划

负责机构：克拉克县公共卫生部

年份：2011

地点：华盛顿

2010 年 5 月，克拉克县公共卫生部（CCPH）针对克拉克县自行车道和人行道总体规划开展了一次快速 HIA。此次评价关注 HIA 在克拉克县自行车道和人行道总体规划发展和改进中的作用，这一规划在 2010 年 10 月做了改进。正如评价报告中描述的那样：

为了理解 HIA 信息在决策过程中的使用方式，CCPH 工作人员对参与计划和决策过程中的人进行了一系列的访谈。在 23 个县工作人员、委员会成员和被选举官员中，CCPH 工作人员采访了 7 个委员会成员和 3 个县委委员，询问了他们在决策过程中如何处理健康问题。县委委员最终做出了使用的决定，委员会成员制订了早期阶段的计划，并负责基本要素和最终提案。

评价报告呈现了采访中的关键主题，其中一些在下文进行了列举。

"健康信息十分有用，能够影响计划。"

一些被采访者提到，虽然健康信息十分有用，但 HIA 可能不是唯一一个将其解释清楚的方法。他们提到地图在使差异直观化方面特别有用。

"HIA 拓宽了视角，增强了人们对政策决定结果的理解。"

被采访者反复提到的一个信息是，拥有可利用的健康数据有助于拓宽参与者的视角，促使他们从多个角度考虑决定的影响。

"HIA 重新确立了计划的范围。"

一些被采访者提到，HIA 有助于改变计划的关注点，从主要针对为当前用户提供休闲自行车转向强调为未来用户提供积极交通方式。

"HIA 是计划的沟通工具和合理性证明。"

决策者可以利用 HIA 信息与彼此或公众沟通计划。健康信息有时被用来改进计划，有时被当作合理性证明，有时也被作为计划的辩护证据。

"HIA 提出了别处没有提出的公平问题。"

被采访者称，如果没有 HIA，就不会考虑公平问题，至少不会达到同样的程度。有些人表示，如果没有 HIA，公平问题就不会被当作优先准则。

"公共卫生部门具有很高的可信度，HIA 过程改变了利益相关者对它的看法。"

许多委员会成员表示，他们意识到公共卫生部门可以对计划过程有所贡献，公共卫生部门提供的信息被认为具有高质量和高可信度。

评价报告同样记录了 HIA 建议被纳入总体规划最终方案的程度。HIA 的每条建议都得到了分析，以确定建议受采纳的程度：不采纳、部分采纳或全部采纳。下面是关于评价的一个例子：

> **建议 1**：在自行车道和人行道项目中加入低速道路设计。
>
> **结果**：部分采纳。
>
> 计划通过政策6.2处理了这条建议，"在自行车道和人行道项目中加入低速道路设计"。虽然 HIA 的每条建议成为政策是对建议的肯定，但工程中并未加入交通减速带、自行车林荫道、共用车道标识、窄道或任何其他可能代表低速道路设计的建筑。
>
> （Clark County Public Health，2011）

案例二

案例名称：佐治亚州奥尔巴尼市优质社区提案：快速到中速 HIA

佐治亚州梅肯市第二大街重建项目：快速到中速 HIA

负责机构：生活品质增长和区域发展中心

年份：2013

地点：佐治亚州

2012 年 7 月，生活品质增长和区域发展中心（CQGRD）完成了对佐治亚州奥尔巴尼市和梅肯市两个重建工程的快速到中速 HIA。报告评估了 HIA 过程中任务的有效性，以及两个 HIA 对决策的影响。正如评价报告所描述的那样：

> 本过程评价的重点是回顾为完成 HIA 而承担的任务，以及确定 HIA 目标是否实现。报告评估了决策者拿到 HIA 文件后所受到 HIA 建议的

影响。报告同时也评估了向决策者呈现建议的过程、决策者对 HIA 的反应、HIA 对计划的影响以及与 HIA 过程有关的方面。

通过对文献以及 HIA 目标的回顾，确定了 6 个问题。基于这 6 个问题，评价报告评估了 HIA。这些问题包括：

（1）从时间、地点和人口方面来讲，HIA 是如何实施的？

（2）使用的资源有哪些？成本如何？

（3）建议是如何提出的？又是如何排序的？

（4）何时、以何种方式将建议告知决策者？

（5）HIA 是否为决策过程提供了有效信息？

（6）HIA 是否引起了项目或政策设计的改变？

针对麦金托什之家（奥尔巴尼）重建计划实施的 HIA 评价了重建项目对当地居民、学生和商业的影响。HIA 呈现了分析和建议，旨在降低糖尿病、哮喘、交通事故伤害、低社会经济地位、低教育素养、高犯罪率的风险和出现概率，同时减少由环境改变引起的心理疾病。在评价阶段，HIA 中的每一条建议都应得到分析，以确定建议实施的程度。下面是评价的一个例子：

降低附近高犯罪率

建议 1：定期维护附近设施状况，避免出现废弃或无人管理的现象。

结果：全部采纳。

奥尔巴尼市房管局（AHA）在房地产评估中心对目标区域的实地检查中得 90 分，AHA 在全体公共建筑评估系统（PHAS）评估中得 94 分，被评为"表现良好"。

建议 2：增加城市设计要素（照明、附近设施维护等），以减少犯罪。

结果：部分采纳。

公共安全工作组正在申请拜恩刑事司法改革项目（BCJI）的拨款，

以解决目标区域的犯罪预防问题。计划将根据环境设计原则实现犯罪预防。

梅肯市实施的 HIA 评估了旨在包含多模式运输、绿地和经济开发带的项目的健康影响。项目可能会影响许多群体和机构：附近的居民、社区组织、教堂和宗教、非政府组织、政府机构、学生和教师、医疗服务人员和当地商人。HIA 建议旨在尽可能减少区域发生糖尿病、心脏病和哮喘的风险，降低犯罪率，保证安全，促进经济发展。正如奥尔巴尼市的例子所示，评价对 HIA 建议受采纳和实施的程度做了评估：

改善弱势群体的生活条件

建议 1：提供与当地居民技能相匹配的就业机会。

结果：部分采纳。

建议 2：对闲置/无用的工业设施进行再次利用。

结果：不采纳。

建议 3：提供公平的交通工具。

结果：部分采纳。

HIA 建议提供与当地居民的技能相匹配的就业机会。第二大街重建项目计划寻求投资以"增加就业"，但是它并未解决具体的工作类型和需要的工作技能问题。此外，HIA 建议提供公平的交通工具。第二大街重建项目并没有具体解决区域公平的问题，尽管其完整的街道概念可能提供可行的非汽车交通方式。第二大街重建项目并未采纳 HIA 建议，没有考虑对闲置/无用的工业设施进行再次利用。（Ross et al.，2013）

参考文献

Ali, S., O'Callaghan, V., Middleton, J. D. et al. 2009. "The Challenges of Evaluating a

Health Impact Assessment. " *Crit Public Health* 19 （2）: 171 - 180.

CDC Division for Heart Disease and Stroke Prevention. 2008. *State Program Evaluation Guides*: *Writing SMART Objectives*. Department of Health and Human Services. Centers for Disease Control and Prevention, Atlanta.

Clark County Public Health. 2011. Evaluation of Health Impact Assessment: Clark County Bicycle and Pedestrian Master Plan. http://bikeportland. org/wp-content/uploads/2011/12/HIA_ BPplancopy. pdf. Accessed 14 July 2013.

Dannenberg, A. L. , Bhatia, R. , Cole, B. L. et al. 2006. "Growing the Field of Health Impact Assessment. In the United States: An Agenda for Research and Practice. " *Am J Public Health* 96 （2）: 262 - 270.

Harris-Roxas, B. , Harris, E. 2013. "The Impact and Effectiveness of Health Impact Assessment: A Conceptual Framework. " *Environ Impact Asses* 42: 51 - 59.

Kemm, J. 2012. "Evaluation and Quality Assurance of Health Impact Assessment. " In: Kemm J (ed) *Health Impact Assessment*: *Past Achievement, Current Understanding and Future Progress.* University Press, Oxford.

Quigley, R. J. , Taylor, L. 2003. "Evaluation as a Key Part of Health Impact Assessment: The English Experience. " *B World Health Organ* 81 （6）: 415 - 419.

Quigley, R. J. , Taylor, L. 2004. "Evaluating Health Impact Assessment. " *Pub Health* 118: 544 - 552.

Ross, C. , Elliott, M. L. , Rushing, M. M. et al. 2012. *Health Impact Assessment of the Atlanta Regional Plan* 2040. Center for Quality Growth and Regional Development. Georgia Institute of Technology, Atlanta.

Ross, C. , Elliott, M. , Smith, S. , Botchwey, N. et al. 2013. *Albany and Macon, GA Health Impact Assessment Evaluation Report.* Center for Quality Growth and Regional Development. Georgia Institute of Technology, Atlanta.

Taylor, L. , Gowman, N. , Quigley, R. 2003. *Evaluating Health Impact Assessment.* Health Development Agency.

第十三章
监测

摘　要：　本章介绍了美国健康影响评估（HIA）的监测过程。本章首
先讨论了监测作为所有 HIA 阶段中最不完善的阶段，经常与
评价混淆。监测评估项目、政策或计划如何有效地实现 HIA
预测的目标，并可能有助于尽早缓解负面的健康结果。本章
还重点介绍了可监测的内容，包括四个关键步骤。随后讨论
了指标和数据需求，提及指标的发展对健康监测的价值。本
章还提出了监测计划模板，指导读者自行实施 HIA。最后讨
论了成功监测所面临的挑战。①

关键词：　监测；实施；相互学习；指标；监测计划；制度变化

监测的目的是追踪健康影响评估（HIA）及其随时间推移而产生的影
响。监测过程可以被认为是一种制衡制度，以确保对 HIA 建议执行的问责以
及衡量法规的遵守情况。最重要的是，监测能够预先了解拟议的项目或政策
落实后可能发生的不利和有利健康后果。

监测是 HIA 实践所有阶段中最不完善的一个。HIA 报告的结论通常将监
测作为一个关键步骤，通过监督和其他数据收集系统进行，这些系统不断提

---

① C. L. Ross et al. , *Health Impact Assessment in the United States*, DOI 10. 1007/978 – 1 – 4614 –
7303 – 9_13, © Springer Science + Business Media New York 2014.

供关于健康和社会指标变化的信息。HIA 支持者寻求 HIA 有效性的实证依据，以奠定持续应用的坚实基础。因此，在美国，推动监测技术走上正轨变得更为重要（Dannenberg et al.，2006）。良好的监测技术有助于制定持续策略，使完成的 HIA 能够相互比较。

在同行评审文献中对 HIA 监测和评价的讨论大多是描述性的，并且往往侧重于确定 HIA 对决策过程的影响（Bhatia et al.，2011；Slotterback et al.，2011）。"互相学习"在监测文献中非常重要，涉及利益相关者的参与，以及 HIA 对健康问题在规划中日益重要的看法的影响程度。此外，重要的是要了解社区的利益相关者，还有执行 HIA 或贡献专业知识的人们如何相互学习以及如何影响决策。除了影响决策，监测过程还必须衡量 HIA 整合到综合规划的程度，以及 HIA 是否引导创建了其他基于社区的健康计划。主要的挑战在于需要建立一个严格的监测框架，并提供可用的指标和可靠的数据。

可监测的内容

监测过程的主要目标是将 HIA 的建议整合到项目或政策实施中，并在实施后评估产生的健康影响。监测 HIA 建议的实施情况以及由此产生的健康影响在 HIA 预测项目性质、影响和不良后果时尤其重要。监测可以帮助评估项目、政策或计划如何有效地实现 HIA 预测的目标（Cave and Curtis，2001），并可能有助于在早期缓解不良健康结果的影响。

行动包括：

• 建立标准化和易于访问的数据收集系统，以监测由项目实施产生的健康状况变化，并创建反馈机制，以清晰显示项目与成果之间的因果联系；

• 为利益相关者提供证据，对项目进行调整以减轻有害健康影响并最大限度地发挥积极的健康成果；

• 记录 HIA 的建议是否得到落实并且达到了预期的健康相关目标。

指标和数据需求

监测包括收集几种定性和定量数据。为确定健康结果和决定因素如何随着项目或政策实施而发生变化，必须建立一套标准化且能随时查看的指标。

制定健康监测指标

用于健康监测的指标是受影响人口不断变化的健康状况和经历的可衡量结果。其中包含的部分指标是健康结果、健康行为和健康决定因素。除了提供有关健康问题的时间趋势信息外，这些指标还可以系统地监测城市环境变化，提供经济、社会和环境损害预警，提供目标设定和绩效评估数据，并作为公共信息和通信的辅助工具。如果能够在不同的时间点访问，以此展示情况是如何变化或保持不变的趋势，则指标是最有用的。因此，应选择使用相同的定义和方法，随着时间的推移定期更新指标，这样既可靠又有效，如果可能的话，最好与项目/政策引起的这些变化（相对于其他一般社会条件的变化）关联起来。

监控指标是通过自上而下或自下而上的方法进行选择的。自上而下的框架通常由研究人员和专家定义，源自全球或国家级指标框架。自下而上的方法可能来自社区。然而，HIA 过程的中心原则是健康公平，这为使用自下而上的指标发展方法提供了强有力的理由（Harris-Roxas et al. ，2012）。

迄今为止，最成熟的监测手段就是采用清单的形式。人类影响合作项目开发的 "健康影响评估工具包" 中有一个很好的示例（见表 13.1）。另一个成熟的清单是旧金山公共卫生部制定的可持续社区指数（SCI）。SCI 详细列出了从衡量旧金山健康社区发展的具体目标中得出的指标。这些指标可用于HIA 本身，但该项目的网站还会确定监测指标，以评估影响并衡量社区计划的进展情况。

开发监测过程独立，而不是作为评价过程的附件是很重要的。我们可以将监测看作一个远远超出 HIA 评价范围的长期过程，并且是一个可以适用于不断变化的环境的监控系统。数据收集系统作为监测过程的一部分，可以填补重要的研究空白，并协助在同一地区进行的其他 HIA，为其他开发过程提供重要的健康指标。监测可以成为评估和实现社区可持续发展的重要工具。

成功监测面临的挑战

开展 HIA 可能会扩大收集当地公共健康统计数据的需求，还可能需要持续监测这些统计数据以及其他程序性要素。随着项目持续开展，继续监测 HIA 成果的资源可能会在未来成为问题。

现有的监测案例仍然为数不多，并且往往与评价过程密不可分。如果这些信息不可访问，收集健康统计数据可能会很困难，并且监测与评价的错误联系趋势可能对监测环节构成挑战。如前所述，了解监测和评价之间的差异以及区分两个步骤很重要。

总之，监测过程的基本任务是持续评估 HIA。

表 13.1　人类影响合作组织 HIA 工具包的监测计划模板和
问题（改编自 Bhatia et al.，2011）

监测计划要素	指标
背景	
• 说明 HIA 评估的计划、项目或政策	
• 描述 HIA 分析的计划、项目或政策的关键要素	
• 向决策者列出流程和结果建议。如果按优先顺序排列，请按顺序列出	
• 列出计划、项目或政策的决策者（例如机构和民选官员）	不可用
• 确定监控过程的 2~3 个目标	
• 确定进行、完成和报告监测活动的资源，包括数据收集	
• 定义个人或组织的角色，确定行动的标准或触发因素	

续表

监测计划要素	指标
决策结果	创建追踪图表，每季度记录一次：
• 与该计划、项目或政策相关的决策的结果是什么？	• 是否做出决定
• 决定后实施了哪些建议？	• 哪些建议被纳入计划、项目或政策中
• 总体而言，最终计划、项目或政策决策的变化是否符合 HIA 的建议？	• 每个被接受的建议是否按照协商的方式实施
决策过程	创建追踪图表，每两个月记录一次：
• 利益相关者在多大程度上使用 HIA 调查结果？	
• 决策者在多大程度上使用 HIA 调查结果？	
• HIA 是否介绍了涉及项目/政策权衡的内容？	
• 是否包含有关媒体报道的决定与健康之间的关系，公职人员或利益相关者的声明、公开证词、对公开文件或政策声明的讨论？	• 媒体
• HIA 是否有助于为政策决策及其实施建立共识？	• 证词
• HIA 是否关注了以前没有参与的群体的兴趣？	• 信件
• HIA 是否鼓励引入公共卫生机构参与政策和规划工作？	• 通信材料
• 是否要求研究同一管辖范围内的其他项目、计划或政策对健康的影响？	• 在公共文件中引用关于健康的证据
• 是否在将公共政策健康分析的 HIA 或其他形式进行制度化方面有所创新？	
• HIA 是否推动正式决策过程因考虑健康而引进更多的制度性支持？	
健康决定因素	创建追踪图表，每年记录一次：
• 将评估哪些具体的健康决定因素（例如空气质量、噪声、经济适用住房、车辆减速措施和传染病——理想情况下，这些是与建议相关的健康决定因素）？	• 是否观察到任何决定因素发生变化 • 变化的方向

参考文献

Bhatia, R., Gilhuly, K., Harris, C. et al. 2011. A Health Impact Assessment Toolkit: A Handbook to Conducting HIA, 3rd edn. Human Impact Partners, Oakland. http://

www. humanimpact. org/doc-lib/finish/11/81. Accessed 18 June 2013.

Cave, B. , Curtis, S. 2001. *Health Impact Assessment for Regeneration Projects*: *Principles*, Vol 3. East London & The City Health Action Zone, London.

Dannenberg, A. L. , Bhatia, R. , Cole, B. L. et al. 2006. "Growing the Field of Health Impact Assessment in the United States: An Agenda for Research and Practice." *Am J Public Health* 96 (2): 262 – 270.

Harris-Roxas, B. , Viliani, F. , Harris, P. et al. 2012. "Health Impact Assessment: The State of the Art. " *Impact Assess Proj Apprais* 30 (1): 43 – 52.

Slotterback, C. S. , Forsyth, A. , Krizek, K. J. et al. 2011. "Testing Three Health Impact Assessment Tools in Planning: A Process Evaluation. " *Envi Impact Asses* 312: 144 – 153.

第十四章
参与 HIA 的利益相关者和弱势群体

摘　要： 本章为利益相关者和弱势群体参与健康影响评估（HIA）的
方法提供了指导，这是 HIA 实践的重要组成部分。本章首先
介绍了社区参与的情况和包容度，描述了潜在 HIA 利益相关者
的组成，强调利益相关者参与的目的是提高 HIA 本身的质量并
帮助 HIA 坚持其民主价值。但是，往往这一参与环节没有被严
格执行，并且忽略了受到潜在影响的弱势群体的意见。本章为
在具体情况下如何确定和吸引利益相关者参与提供了指导。并
且列出了美国 HIA 样本中的利益相关者参与流程图。本章结尾
为从业人员设定了确认和吸引所有利益相关者参与的框架。[①]

关键词： 弱势群体；利益相关者；社区参与；参与；参与过程；参与
方式；参与框架

如本书前面部分所述，健康影响评估（HIA）评估了拟议的政策、项目
或计划对于特定社区健康状况的潜在影响。HIA 从业者力求通过会议、调
查、焦点小组和其他形式的推广活动来吸引利益相关者，以便能够确定受影
响社区的特定健康需求以及该建议对健康状况的影响。

---

① C. L. Ross et al. , *Health Impact Assessment in the United States*，DOI 10. 1007/978 - 1 - 4614 -
7303 - 9_14，© Springer Science + Business Media New York 2014.

阿恩斯坦（Arnstein，1969）的开创性论文《公民参与的阶梯》，是一个值得注意的文献，可以佐证社区参与具有悠久的历史。对规划者而言，阿恩斯坦将有效的社区参与视为一种权利平衡，因此，在允许社区推动其结果的同时，引导规划过程是一项挑战。若能够达成，社区的参与度将大大提高。这一平衡的达成并非易事，因为公民参与可能成为规划过程的一个象征性元素，从而很容易出现规划者和官员做"面子工程"，让那些无关的社区参与进来。阿恩斯坦要求规划者更加充分地执行社区参与，最终将参与度提到最高，使规划者将控制权交给社区，引导和关注公众的意愿，打造一个满足公民要求的结果，甚至将项目和资金完全交由社区团体控制。

Quick 和 Feldman（2011）确定了社区参与中"参与"和"包容"的不同定义。"参与"是指，规划者在规划特定项目、计划或内容的时候，注意寻求社区的意见；"包容"是指，社区持续"共同"为解决公共政策问题寻找对策。在这个框架下，社区可以参与，但不被包容；要包容，社会就要像阿恩斯坦所说的阶梯一样，使社区对规划结果有所有权。寻求参与的过程可能会加剧社区和公职人员之间的紧张关系，而包容性将缓和这种紧张关系。社区参与的这两个方面并不矛盾，然而，规划者们应该为其三方成员寻求高水平的参与度和包容性。

Roberts（2004）认为 20 世纪是相互联系和权力下放的时代，这导致公民直接参与范围的扩大。直接参与的好处包括加强团体认同、提高公民受教育程度、规范政府行为的合法性等。然而，参与规模的扩大也带来了一系列挑战。在一个复杂的社会中，直接参与的方式很难将所有寻求代表性的群体都包括在内。此外，被排除在民主进程之外的群体是否会直接参与还有待查证。利益相关者和弱势群体的界定以及规范参与 HIA 的过程都依赖于公众对权力的了解、包容和直接参与。

利益相关者有哪些？

"利益相关者参与 HIA 的指导和最佳做法评估"将利益相关者确定为

"在决策或过程中产生损益的个人或组织"（Stakeholder Participation Working Group，2012）。包括：

- 可能受到拟议项目或政策影响的个人或组织；
- 对正在考虑的政策或项目可能造成的健康影响感兴趣；
- 由于其立场，对拟议项目或政策的决策和实施过程产生主动或被动的影响；
- 从决定的结果中可以获得经济利益或其他既得利益。

在实践中，如指导文件所述，利益相关者通常属于以下类别之一：

- 社区组织；
- 居民；
- 服务供应商；
- 市、区、州、省或联邦级官员；
- 小企业；
- 生产制造商、开发商和大企业；
- 公共机构；
- 全州或全国宣传机构；
- 学术、学习和研究机构。

利益相关者参与的目的

让利益相关者参与 HIA 进程是需要理由的。

一个基本原因是利益相关者的参与有助于 HIA 坚持其民主价值，强调了人们对制定影响他们生活的决策的参与权（North American HIA Practice Standards Working Group，2010）。此外，利益相关者的参与也提高了 HIA 的质量。

《利益相关者参与健康影响评估的最佳方法指导和实践》描述了利益相关者的参与对提升 HIA 过程的质量、准确性和有效性的意义。

在 HIA 过程中，积极参与的利益相关者能够：

- 通过提供多个观点来提高 HIA 的准确性和价值。

与利益相关者合作，使 HIA 可以产生不同的视角，并且可以确定对人群造成最为重要的健康影响的 HIA 组成部分。通过参与过程，不同利益相关者的知识、经验和价值观可以成为实证基础的一部分。

● 将不易获得的信息提取为其他形式的证据。

利益相关者可以分享轶事信息、历史和故事，更全面地了解现有的社区条件和潜在的健康影响。利益相关者还可以帮助改进研究问题，支持研究结果的特定背景分析，并帮助制定更可行的建议。

● 通过对 HIA 建议的积极支持，提高 HIA 影响决策的效力。

参与 HIA 流程可以为利益相关者提供有意义的投入机会。利益相关者可以满足关注社区的需求，实现政治愿望，并且得到不同受众的支持。由于来自 HIA 分析的建议也可能对社区和其他利益相关者产生很大的影响，这些建议对他们来说是很有必要的。（Stakeholder Participation Working Group，2012）

利益相关者参与的方法和效用在 HIA 进程的每一步都有所不同。表 14.1 列出了 HIA 从业人员如何使利益相关者通过每一步的参与和 HIA 保持互通。

表 14.1　利益相关者对 HIA 每一阶段的参与　（改编自 Tamburrini et al.，2011；Veazie et al.，2005）

阶段	从业人员的职责
筛查	利用利益相关者的关注来确定健康影响
	确定并通知利益相关者实施 HIA 决策
范围界定	使用多个视角、多种渠道征求意见（来自利益相关者，受影响的公司、社区和决策者）
	确定采集利益相关者反馈的机制
评估	将实地经验作为证据的一部分
建议	通过专家指导确保收到的建议可行
报告和传播	总结主要调查结果和建议，以便于利益相关方的理解、评估和回应
	全程记录利益相关者参与情况
	将利益相关者的价值观念作为决定建议的一部分纳入会计核算
	允许并正式对重要审查做出回应
	公开评估报告

续表

阶段	从业人员的职责
评价	HIA 评估必须对所有利益相关者都有用
	令利益相关者参与评估结果的解读过程
监测	应向决策者报告结果
	应向公众提供监测方法和结果

弱势群体参与

在 HIA 中，弱势群体可能承受不同程度的不良健康影响，特别是在已存在健康差异的群体中。在许多情况下，对"弱势群体"的界定可以基于各种属性，如生物因素（如年龄）、社会结构（如性别、种族）、物质条件（如收入或就业状况）或接触不良环境（如位于特定地理区域的人口）。然而，弱势群体不一定仅限于这些群体，HIA 从业人员必须考虑是否还有其他弱势群体。任何"由于一个或多个因素而面临危险的"群体，在某种程度上都可以被认为是弱势的（Kochtitzky，2011）。

弱势群体的情况可能因对规划和决策的选择而恶化或者改善。因此，弱势群体参与决策尤为重要。然而，他们的弱势地位可能会对个人参加 HIA 过程产生社会、经济或身体障碍。特别是那些无法获得信息的个人和群体，他们的行动能力有限，存在身体或语言障碍，或被社会隔离，可能会选择不参与或担心自己不能参与，即使他们愿意参与，也不能参加甚至不知道有这样的机会。在这种环境下，弱势群体可能需要比其他参与 HIA 进程的人员做更多调整，他们更有可能在参与过程中受阻或被排除在外。

例如，Kwiatkowski（2011）明确指出了加拿大原住民有效参与社区决策的文化障碍。他认为，在设计参与过程时，必须考虑到受影响人口的文化或健康习惯。这些原住民的信仰可能与西方的主流观念有所不同，因此，如果这些差异没有得到理解、承认和尊重，那么 HIA 从业人员或研究人员在人口方面的努力则是徒劳的。这类挑战不仅发生在原住民群体中，也可能发生在具有不同文化信仰的移民群体和宗教少数群体中。

如何使利益相关者参与

利益相关者可以通过很多方式参与 HIA，没有一种是有绝对优势的。因此，其参与方式应该根据具体情况进行调整。需要重点考虑的因素包括利益相关者的时间、语言和识字程度、文化差异等。可以使用的方法包括建立社区指导或咨询小组、与主要利益相关者合作、基于共识进行决策、访谈、调查问卷、集体会议、评论表格、项目网站、文章、新闻稿件、研讨会、参观、召开专家研讨会议、焦点小组和学习会议（Stakeholder Participation Working Group，2012）。

有一点很重要，HIA 通常覆盖了代表自己观点的个人（例如当地居民）以及代表公共利益的各种组织。

尽管吸引利益相关者参与是非常有益的，但在实际应用中面临巨大的挑战，包括缺乏足够的财政资源或时间。在一些群体或文化中，发展信任关系可能需要更长的时间。由于倦怠或不信任，利益相关者可能对参与本身并不感兴趣。综合评估需要所有学科中的利益相关者共同参与，并对居民的需求保持敏感，以维持他们的积极性和参与度。同样重要的是，要确保利益相关者的预期是准确的。如果 HIA 实际上没有能力影响决策，但是人们认为他们参与的是决策过程，这将产生不利影响。

Kearney（2004）指出，公民参与 HIA 很可能"流于表面"，有效的社区参与可能是一项艰巨的任务。从业人员往往无法通过确定社区大多数人的合适时间来举行会议从而实现有效参与。此外，利益相关者通常做好了接受最为糟糕的社区参与结果的准备。

框 14.1 列出了已完成的 HIA 的结果清单，其中列出了每一个有利益相关者参与的流程。如框 14.1 所示，使用方法多种多样，参与过程成功的方式也不尽相同。

框 14.1 已完成的 HIA 中的利益相关者流程参与清单

对已完成的 HIA 样本进行评估以了解社区参与方式的当前状态和弱势群体在 HIA 中的参与情况。我们对 17 个 HIA 进行了评估。为了最大限度地提高可比性和当地社区参与 HIA 的可能性，我们仅选取了当地一级机构作为决策机构，主题是建设环境问题的 HIA，其中完整地记录了方法。每个 HIA 都列出了参与过程的类型、程度、社区参与对 HIA 结果的影响以及弱势群体的参与情况。

17 个清单中有 14 个包含了社区参与的形式，其余 3 个没有涉及任何社区参与。

如表 14.2 所示，社区参与的方式包括：公开会议、咨询委员会、调查、焦点小组、访谈、影像传声、电话会议、快速社区 HIA、社区参观、社区步行/自行车评估和社区制图练习。特别是咨询委员会和利益相关者访谈等选择性方式，以及焦点小组等半选择性方式经常被采用。在开放型参与方式中，调查和社区会议是最频繁的。许多 HIA 结合了多种参与方式，例如在整个过程中都有一个咨询委员会，在评估阶段开展调查。6 个 HIA 结合了选择性和开放型的参与方式，4 个依赖于开放型方式，3 个仅使用选择性方式。

社区参与影响 HIA 的过程或结果的程度各不相同。一般来说，咨询委员会对 HIA 进程影响最大，因为咨询委员会经常在项目的范围界定阶段提供意见，使这些委员会能够帮助确定 HIA 最直接的问题。在一些情况下，咨询委员会仍然参与整个过程，让参与者有机会从始至终影响 HIA，包括范围界定和建议。然而，咨询委员会在某些情况下由公共健康和 HIA 实践方面的专家组成，而不是直接代表当地人口的社区利益相关者。

在审视的这些 HIA 中，弱势群体的参与情况不多。17 个 HIA 中有 3 个没有发现弱势群体。其余 14 个 HIA 都确定了一个或多个可被归类为弱势群体的潜在受影响人群，11 个报告了与这些人群的某种形式的接触。

11 个目标人群中有 5 个面向所有受影响的弱势群体，4 个寻求接触一部分而不是所有被确定为弱势群体的人。剩下的两个 HIA 只是偶然地使弱势群体的成员参与，但只是允许参与和报告，并没有针对性。

弱势群体参与的最常用方法是在工具或过程中使用小语种（最常见的是西班牙语），其中 4 个 HIA 采用了这样的做法。此外，弱势群体代表参加了两个咨询委员会，4 个 HIA 中专门为受影响的弱势群体成员设置了焦点小组、访谈或社区会议。

表 14.2　HIA 利益相关者参与过程总结

使用的参与方式	公开会议、咨询委员会、调查、焦点小组、访谈、影像传声、电话会议、快速社区 HIA、社区参观、社区步行/自行车评估和社区制图练习
人数	0~264 人
社区对 HIA 结果的影响	从高（早期并经常参与）到无（没有参与）：高（3）；中等/高（7）；低/中（4）；无/低（3）
选择性、开放型参与程度	从选择性（咨询委员会）到开放型（调查、公开会议）：混合/半选择（8）；开放（5）；选择（1）；无参与（3）
确定弱势群体	黑人、亚裔、西班牙裔、老人、儿童、低收入人群等
与弱势群体接触	从广泛（有重大成功的努力）到无（没有努力）：广泛推广/大部分成功（3）；部分推广/部分成功（7）；没有与弱势群体接触（4）；没有参与（3）
吸引弱势群体的方法	咨询委员会代表，非英语协助

建立利益相关者有效参与框架

为了成功吸引利益相关者群体，从业者需要明确地将有针对性的参与流程纳入 HIA 方法。为帮助实践者开始思考这一过程，下面提出了有效参与的框架。在这个框架下，弱势群体的参与与一般社区的参与并不分开，而是被纳入这个过程中。

1. 查看以前的 HIA 作为参考

已完成的 HIA 是帮助确定受影响群体以及接触这些群体的方式和价值,从而开展社区参与过程的宝贵资源。

● 确定利益相关者和弱势群体。类似项目或类似地理区域已完成的 HIA 可以为可能受到提议影响的群体提供参考。

● 评估可用的参与方式。对类似人群有影响的 HIA 可能提供接触这些群体参与的有效方式。虽然选择性参与方式可以确保弱势群体的代表性,但弱势群体并不一定是同质的。少数群体成员的意见可能不能代表整个群体的观点。另外,开放的参与方式有可能包含广泛的观点,但并不总是能够成功地获得回应。例如,在德比重建 HIA (Tri-County Health Department, 2007) 中,只有 13 个人参加了影像传声项目,其中只有 7 个人是区域居民(其他 6 个人是执行 HIA 的机构的工作人员)。在航空城 HIA (Ross et al., 2011) 中,提供了西班牙语调查,但没有收到反馈。

● 评估参与过程的潜在好处。之前完成的 HIA 还可以提供大众参与为结果增加重要价值的实例。

2. 确定伙伴组织作为连接社区的纽带,并选择与社区联系的方式

一旦利益相关者和参与过程得到确定,从业人员就必须找到吸引个人和社区参与过程的方式。当从业人员没有与社区的联系渠道时,当地伙伴组织可以作为纽带,让其团队和社区保持联系。一旦得知了目标群体,宗教信仰组织、社会服务提供者或倡导团体等可以帮助评估可能克服参与障碍的方法和策略。

3. 文件记录和量化推广——方法和结果

框 14.1 的 HIA 清单中指出了一个常见的问题,即社区参与并不总是能够在报告中进行描述,这就很难确定参与过程的真实程度。缺乏归档也限制了 HIA 作为其他从业人员学习工具的价值。在 HIA 过程之中和之后,从业人员应记录参与工作的投入和最后的参与程度。

4. 评价推广——方法和结果

从业者需要花费时间来评价利益相关者的参与过程及其成果。在此过程

中，从业者还要总结自己的工作，并为未来的 HIA 提供建议。

5. 加强会在未来建立和使用的全新关系

HIA 完成后，从业人员应维护与伙伴组织和社区形成的新关系。这样将有助于从业人员在社区内获得建议支持，鼓励社区成员继续参与可能影响他们健康的事务，并鼓励合作伙伴和社区成员参与从业人员之后的项目。从业人员可以与社区共享 HIA 成果，并让社区持续参与监测和评价工作。

积极深入的社区参与是实现 HIA 目标的基本要素，包括让公众了解提议和其潜在的健康影响，收集社区居民关注的所有与环境和健康相关的信息，获得对 HIA 建议的支持以形成最后的决议。使弱势群体合法地参与整个过程是 HIA 不可或缺的部分。本章讨论了两方面的问题，一是对弱势群体相关问题的审视，二是从业人员可在自己的参与过程中使用的可操作框架。

参考文献

Arnstein，S. 1969. "A Ladder of Citizen Participation." *Jam Am I Planners* 35 (4)：216－224.

Kearney，M. 2004. "Walking the Walk? Community Participation in HIA：A Qualitative Interview Study." *Environ Impact Asses* 24 (2)：217－229.

Kochtitzky，C. 2011. "Vulnerable Populations and the Built Environment." In：Dannenberg，A. L.，Frumkin，H.，Jackson，R. J. (eds) *Making Healthy Places*. Island Press，Washington.

Kwiatkowski，R. E. 2011. "Indigenous Comity-based Participatory Research and Health Impact Assessment：A Canadian Example." *Environ Impact Asses* 31 (4)：445－450.

North American HIA Practice Standards Working Group. 2010. Minimum Elements and Practice Standards for Health Impact Assessment，Version 2. http://hiasociety. org/documents/PracticeStandardsforHIAVersion2. pdf. Accessed 18 June 2013.

Quick，K. S.，Feldman，M. S. 2011. "Distinguishing Participation and Inclusion." *J Plan Educ Res* 31 (3)：272－290.

Roberts，N. 2004. "Public Deliberation in an Age of Direct Citizen Participation." *The Am Rev*

Public Adm 34 （4）： 315 – 353.

Ross, C. , Elliott, M. , Marcus, Rushing M. et al. 2011. Aerotropolis Atlanta Brownfield Redevelopment. Center for Quality Growth and Regional Development. Georgia Institute of Technology, Atlanta. http://www. cqgrd. gatech. edu/research/aerotropolis-atlanta-brownfield-redevelopment-healthimpact-assessment. Accessed 18 June 2013.

Stakeholder Participation Working Group of the 2010 HIA of the Americas Workshop. 2012. Best Practices for Stakeholder Participation in Health Impact Assessment. http://hiasociety. org/documents/guide-for-stakeholder-participation. pdf. Accessed 18 June 2013.

Tamburrini, A. , Gilhuly, K. , Harris-Roxas, B. 2011. "Enhancing Benefits in Health Impact Assessment Through Stakeholder Consultation. " *Impact Assessment and Project Appraisal* 29 （3）： 195 – 204.

Tri-County Health Department. 2007. Health Impact Assessment, Derby Redevelopment, Historic Commerce City, Colorado. http://www. healthimpactproject. org/resources/document/derbyredevelopment. pdf. Accessed 18 June 2013.

Veazie, M. A. , Galloway, J. M. et al. 2005. "Taking the Initiative: Implementing the American Heart Association Guide for Improving Cardiovascular Health at the Community Level: Healthy People 2010 Heart Disease and Stroke Partnership Community Guideline Implementation and Best Practicesworkgroup. " *Circulation* 112: 2538 – 2554.

第四部分

HIA 的现状和发展趋势

第十五章
HIA 和新技术

摘　要： 本章讨论了新兴技术及其在公众参与、数据收集、分析和传播等方面对健康评估的影响，以及它们将如何融入未来的实践活动中。这里讨论的技术分为两大类：用于交互和沟通的技术，用于信息收集和分析的技术。前者包括社交媒体、手机、网络研讨会和播客；后者则包括在线调查、数据访问、数据分析和可视化、地理信息系统和其他测绘技术。本章以一个案例研究为结尾，意在强调多媒体工具是如何加强各利益方之间的沟通的。①

关键词： 社交媒体；手机；播客；在线调查；网络研讨会；数据访问；地理信息系统（GIS）；其他测绘技术；案例研究

---

① C. L. Ross et al., *Health Impact Assessment in the United States*, DOI 10. 1007/978 – 1 – 4614 – 7303 – 9_15, © Springer Science + Business Media New York 2014.

当提及健康影响评估（HIA）及其他社区参与活动时，过去几十年间席卷整个社会的技术变革是不容忽视的。对"数字鸿沟"的存在保持敏感是至关重要的，因为"数字鸿沟"决定了谁有机会接触哪些新技术，另外，了解这些新技术是如何改变数据收集和分析以及公众参与方式的也非常重要。

总的来说，有很多地方用到了新技术。例如，地理信息系统（GIS）为我们提供了许多强有力的分析方法，而这些方法在早些年是不可能有的。通过战略性地使用蜂窝网络技术向公众传播信息，不仅会节省巨额的成本，而且相对于使用传统技术而言，新技术具有更大的影响力。我们有很多理由欢迎新技术，甚至去理解这些新技术的发展方向。

用于交互和沟通的技术

社交媒体

从静态网站到多样化的社交媒体，我们使用互联网的方式发生了重大变化。例如，在交互网络和流体网络的线上体验中，用户是中心，即用户不仅获取和消费信息，而且衍生并传递信息。这种网络特性深受大众的喜爱，用户方与网络方都处在不断变化之中，但体现在社交媒体中的更为宽泛的文化和大众现象似乎已经有了强大的持久性。对于许多人来说，手机网络应用的出现使这些社交媒体（通常所说的社交媒体是指基于网络的，所以此处不需要赘述）在日常生活中的应用越来越广泛。

如今，因为社交网络的发展已成必然，将其融入社区参与的过程中不仅仅是一种选择，更是一种必然。例如，现在普遍认为，如果一个组织或倡议想要主动扩大服务范围，那么它至少要保持在当今主流社交网络中的存在感。对这种新互动模式的快速反应可能是好事，也可能是坏事。一方面，崛起的社交媒体被认为是社会变革的风向标，有人认为社交媒体曾在中东的"阿拉伯之春"运动中扮演了重要角色。另一方面，对低水平社交媒体活动的关注会造成时间和资源的浪费。尽管如此，若利用得当，社交媒体可以提供一个很好的机会，如在 HIA 或其他需要调动公众参与积极性的过程中，社交媒体可以渗透到公众（尤其是年轻人）中，而这部分人恰恰是很难参与的一群人。社交媒体可以成功提醒公众正在进行的活动，同时也可以培养低利益者与公众个体的关系。

手机

通信技术为 HIA 从业人员，以及其他从事卫生和建设环境项目的专业人员提供了大量机会。

长期以来，电话调查一直被作为一种获取不同样本和半随机样本的方法，但随着固定电话普及率的降低，电话调查的价值和有效性也迅速下降。例如，Blumberg 和 Luke（2007）发现，相当多的年轻人和低收入人群的家庭里都没有固定电话，这可能会在与固定电话相关的调查中或交流方法的研究中导致明显偏见。幸运的是，基于手机的调查如今已经变得更加灵活可行，使电话调查扩展到更广泛、更有代表性的人口统计领域。

从更广泛的角度来看，手机的普及对美国和其他国家的人们的交流都产生了重大的影响。公共卫生和社区发展领域的从业人员已经开始在数据收集通常比较困难的地区使用手机。例如，Mitchell 等人（2011）发现，在乌干达可将手机作为 HIV 信息传播工具。Mittal 等人（2012）描述了"直击贿赂"移动应用程序，该程序旨在向手机用户报告印度和其他国家的腐败情况。然而，值得注意的是，尽管手机这类面向消费者的技术已逐渐普及，但其使用者和非使用者之间往往仍然存在明显的"数字鸿沟"。

网络研讨会和会议

网络研讨会和其他新兴技术会议为专业人士及利益相关者提供了新的途径，这些途径能帮助他们实现远程协作和信息共享，而不必局限于电话类的音频方式。为专业人士提供了一种新的可能性，为利益相关者合作和共享远程信息提供了音频和电话之外的方式。

网络研讨会（其名称中包含了"教育研讨会"的概念）本质上是一个在线会议，可以允许多人观看同一场会议，而且通常能让参与者以特定方式进行互动。网络研讨会形式多样，但大多数情况下会采取类似演示微软幻灯片的形式，演示者或演讲者会使用麦克风来演讲。互动参与的方式多种多样，如发起群聊或通过音频和视频加入对话。

网络研讨会打破了时空和形式的束缚，既无须本人亲自来到研讨会现场，也不必独自一人消化会议材料。越来越多的机构鼓励参与者使用这种互动参与方式，例如美国注册规划师协会成员可以通过参加各种免费的网络研讨会来获得认证维护（CM）学分。随着 HIA 领域的不断扩展，网络研讨会作为一种潜力巨大的工具，有助于将分布在不同地方的专业人员聚合起来形成有凝聚力的整体。

播客

播客是一种新形式媒介，通常由下载到 MP3 播放器或其他移动电子设备的音频片段组成。一般来说，播客在形式上类似于传统的广播节目，但通常是异步收听，而不是在特定的时间播出。在报告和传播阶段，HIA 从业人员可通过播客定期发布评估信息发挥播客的潜力。

信息收集和分析技术

在线调查

尽管传统调查技术可靠而真实，但由于后勤方面的困难，这些技术使用起来异常烦琐且成本高昂。这些困难大多来自以下几个方面：给调查员做培训并支付薪酬，让调查员能够单独联系被调查者，协商确定调查时间、调查方式（面对面访谈或者电话访问），将纸质版或电子版的结果录入数据库中。因此，调查可能需要数周或数月才能完成，而且可能需要数万美元才能确保足够的样本规模。

网络调查能够节约时间、节省成本，同时为许多受访者提供便利。在调查过程中，潜在的调查对象会收到一个超链接或一个网站地址，通过登录、访问完成在线调查。调查问卷可以是公开的，允许任何人访问并上传其回复；有的调查问卷则是绑定到一个唯一的识别码上，这个识别码只能被特定的调查对象使用。

在线调查与传统的计算机辅助电话采访（CATI）或计算机辅助个人访谈（CAPI）调查有许多共同点，例如可以使用多个问题类型、"略过逻辑"（即取决于用户对之前问题的回答而略过选项）、问题顺序的随机性等。

在数据编制和分析方面，在线调查系统的范围从相当基础到非常复杂。有些系统提供了将结果导出到 SPSS 或其他统计分析程序的选项。一般来说，简单的工具可以以很低的成本或不需要任何成本来获得，而其他对灵敏度和功能要求比较高的系统则需要支付高昂的费用。几乎所有的在线调查平台或主机都有界面，可以让新用户快速、轻松地设计他们的网络调查问卷，而不需要了解更多编程或超文本标记语言（HTML）方面的知识。

如果调查对象不构成具有代表性的群体样本，那么使用基于网络的调查可能会在研究过程中产生误差，因为并不是所有人都能有机会使用电脑或上网，也不是所有人都能在网络调查中提供信息。这种可能的误差对于一个特定的 HIA 来说是否重要，取决于预期目标以及整个群体的代表性是否重要。

数据访问、分析和可视化

近年来，许多在线平台可以实现公共数据访问和分析。有些则作为基本的数据存储库，这些数据库收集、存储和共享大量与用户密切相关的数据集。而其他更复杂的平台则能更容易地实现数据分析和数据可视化，在这些平台上，用户只需要选择一个数据集，再选择他想要可视化的数据信息，就可以进行分析了。在这种情况下，用户不需要花费时间投入分析，也不需要掌握使用标准数据分析平台（如 SAS）所需的统计知识。许多网站采取了协作的方式，用户不仅可以访问数据库、进行分析，还可以共享新信息。

这些公共数据存储库和工具为 HIA 从业人员提供了许多便利。他们不仅可以更容易地访问和分析数据，在时间和项目预算范围内，还可以通过这些免费工具为项目纳入更多数据。此外，有些模糊数据可能在联邦数据网站上无法获得，却可以通过这种形式轻松获取，从而得到更多能在这类报告中使用的数据信息。

这些数据共享平台的数量和焦点正在迅速变化，任何列表都可能很快过时。

但还是有很多对 HIA 有用的数据网站，框 15.1 中已经列出。

框 15.1　HIA 可用的公共数据访问和分析平台

"谷歌公共数据资源管理器"（http：//www. google. com/publicdata）旨在建立更易探索、可视和交流互动的大型数据库。没有广泛统计学知识的用户可直接使用这一数据库，对这些现成的公共数据进行查看、比较等，而且可使用的数据数量大且内容多样，同时这些数据每天都在扩展更新。

"亚马逊公共数据集"（http：//aws. amazon. com/publicdatasets/）是由开发人员、研究人员、大学和企业共同创建的可公开获取数据的大型数据库。数据集范围涵盖从历史普查信息到基因组绘制项目。用户可以免费访问所有可用的数据。

"Gapminder"（http：//www. gapminder. org/）提供了一种将复杂信息可视化的方式。这个工具最初是用来显示不同人群之间的差异的，同时也关注与公共卫生相关的问题。

"流行病学研究在线数据库"（http：//wonder. cdc. gov/）提供了许多高质量的美国公共卫生数据库资源。这些数据可以在线查询，也可以下载下来，供离线使用。其目的是在更大程度上向公共卫生专业人员和公众提供疾病预防和控制中心（CDC）的信息资源。

"数据中心"（http：//datahub. io/）是民创网络数据目录搜索中心，虽然它主要提供数据源的链接，而不是任何数据操作或可视化工具，但用户生成的内容可以实现不断更新和快速增长。数据是开放的，这意味着任何人都可以免费使用它。

地理信息系统和其他测绘技术

基于地理信息系统的创新也许为 HIA 从业人员带来了最令人兴奋的机会。在地理信息系统刚被大规模投入使用的头几年，它似乎就成为一种不可缺少的工具，社区工作者可以通过它更好地理解与空间环境相关的信息，并通过它更好地交流。即使地理信息系统在公共卫生领域发挥的作用不那么普遍，但它仍然具有广泛的重要性和适用性，其重要性和适用性在刑事司法以及商业方面也是如此。

ArcGIS（地理信息系统相关资讯软件）作为进行 GIS 分析的主要平台，价格非常昂贵，学习使用难度也很大，因此对于许多组织来说，使用 ArcGIS 并不现实。即便如此，作为一种工具，它确实具有相当大的作用。另外，越来越多的人性化的地图交互方式也涌现出来。其中，最主要的代表要数谷歌地图，这是一款与其他产品无缝连接的应用程序，比如人们可以通过"街景"界面查看与特定位置相关联的全景照片。谷歌还推出了谷歌地图应用程序界面，这是一项可以将地图和各种网站进行简单融合的服务，目的只是提高服务的受欢迎程度。还有一些其他应用能使普通用户更容易挖掘地理工具的潜力。例如，一个名为"问题地图"的程序（http://www.issuemap.org）可以自动将电子表格格式的数据转换为地图。可以肯定的是，现在普通人拥有的制图能力是前所未有的，由于 HIA 与空间关系密切，这将继续产生重要意义。

案例研究

到目前为止，很少有人利用上述新兴技术来进一步研究数据。访问数据、使用操作工具生成基线和评估数据已经很常见了，许多 HIA 都用到了 GIS（例如，在第五章中提到的关于亚特兰大环线 HIA）。社交媒体越来越成为 HIA 从业人员进行交流沟通的常见方式（例如，附录 2 中列出的 HIA 推特反馈）。然而，HIA 是如何利用新兴技术提高利益相关者的参与度的例子仍然很少。

案例

案例名称：伯纳利欧县行人和自行车骑行者安全行动计划 HIA：可山景城第二大街区的可及性和安全性

负责机构：伯纳利欧县地方事务小组

年份：2012

地点：新墨西哥州

伯纳利欧县 HIA 是一个用来说明如何使用在线多媒体工具来有效地与利益相关者沟通的案例（Bernalillo County Place Matters Team，2012）。除了制作一份正式的 HIA 报告外，这个互动网站还设计了一个用来帮助传播 HIA 结果的网站（http://www.bcplacematters.com/2ndstreet/index.htm#ad-im）。该网站通过将有吸引力的地图、照片以及嵌入式视频相结合的方式，展示了当地居民的生活全貌。由于用户不能输入内容，从某种程度上来说网址是"静态"的。尽管如此，相较于仅通过文字叙述来传达信息而言，它的版式设计仍具有很强的吸引力。

总而言之，有两件事是值得肯定的：一是新技术将不断涌现、不断发展，二是通过彻底了解这些新技术的内涵可以更好地挖掘它们的潜力，这对于社区规划、公共卫生和其他领域的专业化来说都将是非常有益的。HIA 作为一种相对较新的实践活动，其从业人员正处于良好的机遇期，他们可以利用新兴技术推进 HIA 的顺利开展。

参考文献

Bernalillo County Place Matters Team. 2012. Health Assessment on the Impact of the Bernalillo County Pedestrian and Bicyclist Safety Action Plan. http://bernalillo. nockergeek. net/#adimage－0. Accessed 18 June 2012.

Blumberg, S. J. , Luke, J. V. 2007. "Coverage Bias in Traditional Telephone Surveys of Low-income and Young Adults. " *Public Opin Quart* 71 （5）: 734 – 749.

Mitchell, K. J. , Bull, S. , Kiwanuka, J. , Ybarra, M. 2011. "Cell Phone Usage Among Adolescents in Uganda: Acceptability for Relaying Health Information. " *Health Educ Res* 26 （5）: 770 – 781.

Mittal, M. , Wu, W. , Rubin, S. et al. 2012. Bribecaster: Documenting Bribes Through Community Participation. Association for Computing Machinery（ACM）. http://hdl. handle. net/ 1721. 1/72949. Accessed 15 May 2013.

第十六章
HIA 的组织能力

摘　要：　本章讨论了组织能力是成功实施健康影响评估（HIA）的必要因素。组织能力是指一个组织为了能够进行 HIA 所需要的能力、知识和资源。本章提出了组织能力的三大类：制度支持、知识和资源以及外部环境。制度支持是指组织内部进行 HIA 的组织结构和动机。知识和资源包括利用组织内部或外部的资源进行 HIA 的能力。外部环境指的是除去能够接受和实施 HIA 结果的主办机构之外，还需要一些外部条件。本章总结了十项有助于提升组织能力的策略，这些策略是基于 20 年来世界各地成功的经验和失败的教训而提出的。①

关键词：　政治支持；制度支持；盟主；可持续资金；联盟；外部环境；知识和资源

组织能力是指组织为了成功地进行健康影响评估（HIA）而需要的能力、知识和资源。如果没有足够的组织能力，那么通过实施有效 HIA 而得出的建议被执行的可能性就会大大降低。在本章中，我们将考虑组织在开始进行 HIA 之前需要评估的三个因素：

---

①　C. L. Ross et al. , *Health Impact Assessment in the United States*, DOI 10. 1007/978 - 1 - 4614 - 7303 - 9_16, © Springer Science + Business Media New York 2014.

- 获得组织内部的制度支持；
- 获得足够的知识和资源进行 HIA；
- 政治或决策的环境是否适合实施 HIA 的结果。

这三种因素的运作方式将取决于组织的类型，以及评估的政策/项目的规模。例如，作为州或联邦政府政策制定的一部分，成功开展 HIA 所需要的环境与社区组织或非政府组织（NGO）成功地进行 HIA 所需要的环境是非常不同的。下面讨论的成功因素和策略是综合考虑后得出的，实际工作者可以根据不同组织和个人的情况做出具体分析。

制度支持

制度支持是成功开展 HIA 三大关键因素中的首要因素。在这方面，制度支持是指进行评估的组织内部的结构因素和动机水平。组织授权进行 HIA 是非常重要的，这意味着该组织能够更好地获得资源和机构的支持。这种支持对于组织来说非常重要，能让组织在面临其他压力时仍然坚持开展 HIA、推广成果并保持初心。

开展 HIA 所需的支持力度取决于资助方及组织方的规模和性质。

例如，一个小型的非政府组织可能只需要一份关于所需时间和资源的协议和一份如何有效公布成果的计划。然而，在一个较大的政治管辖范围内（例如在州一级）进行 HIA 可能需要一套更加复杂和详细的协议。

不管这个组织是大是小，首要考虑的是确保高层管理人员的政治支持。由于 HIA 可能会引发一系列敏感问题，所以如果 HIA 的实践者需要支持或者 HIA 结果需要执行，那么此时组织内高级管理人员的政治支持就显得尤为重要了。

加拿大不列颠哥伦比亚省有这样一个有趣的例子，该案例说明缺乏组织支持会导致 HIA 失败。1991 年，不列颠哥伦比亚省皇家委员会首次在政府政策、政府项目和立法等方面用到 HIA。到 1993 年，内阁在制定政策时开始使用 HIA。在此期间，省内开发了一系列优秀的关于 HIA 的实施工具和指导文件，正是由于不列颠哥伦比亚省所做的工作，当时的加拿大在 HIA 领域取得了领先地位。

然而，正如 Banken（2001）所描述的："在 1995 年，HIA 的势头似乎不可逆转。但到了 1999 年，在不列颠哥伦比亚省的卫生系统中，HIA 的活跃度并不理想。"这种令人震惊的逆转以及不列颠哥伦比亚省 HIA 的最终失败是由许多因素造成的。投票产生了新的省级政府，随之而来的是政府优先事项的顺序被改变，因此，推行 HIA 显然缺乏制度支持。新政府赞成对健康采取行政手段，而不是关注健康本身的决定因素。该省失去了健康影响评估联盟的头号人物。HIA 的执行过程被"淡化"，实践人员在机遇期也未能将 HIA 的好处展现出来。最终，正是这种崩塌的组织支持，违背了不列颠哥伦比亚省 HIA 制度化创始领导人将 HIA 视作公共政策的核心部分的初衷。

知识和资源

知识和资源是指利用组织内部和外部资源进行 HIA 的能力。进行 HIA 时需要多种技能：信息管理和组织能力、写作技能、与决策者沟通的能力、熟悉公共政策或行业决策流程的能力、熟悉评估的政策或计划的能力、在健康领域或 HIA 方面的专业知识，以及如何开展 HIA 方面的经验。通常，这些技能不会集中在某一个个体身上，一个成功的 HIA 往往需要的是一个团队。

一个组织至少需要：

● 人员有足够的时间来进行 HIA。对于进行 HIA 来说，所需的人力投入不尽相同。一个简单的桌面型 HIA 调研，需要 1~2 人集中工作 2~6 周的时间。而一个复杂的综合性 HIA，可能会要求 3~5 个人持续在这个项目上工作几个月（有时甚至是几年）。

● 进行 HIA 的个人需要接受足够的培训。如果这种能力还没有在内部形成，那么通过外部培训课程来培养这种能力就显得十分必要。

● 除了培训，开展 HIA 的工作人员还应该具备使用 HIA 工具和技术的能力。正如在第七章到第十章所讨论的，有无数种方法来接触不同的 HIA 信息，例如筛选信息、完善一份社区文件、评估特定的健康影响以及改善建议。收集这些工具和技术通常不需要大量资金，但确实需要时间来识别和熟悉那些最适合 HIA 的工具。

　　● 在某些情况下，可能还需要聘请外部专家，这有可能增加成本。有时所需的支持是关于 HIA 本身的，例如，聘请外部顾问来指导或主持评估工作。可能还需要外部专家就特定的健康内容领域提供建议，因为单个组织或执业医师可能不具备不同学科的专业知识，比如交通安全、毒理学、健康和健康公平的社会决定因素、心血管死亡率、本地健康问题和土地使用规划。

　　● 最后，开展 HIA 需要资金支持，例如进行分组座谈会、发布调查结果或开展调研工作等。组织需要有足够的资金来支付这些成本。

　　● 通常来说，除了开展 HIA 的工作人员之外，还需要再设立一个专门的咨询委员会（见第八章"范围界定"）。这个咨询委员会的成员能够运用他们的专业知识来评价 HIA 的问题、方法和内容，从而指导组织提出更合理的结果和建议。

外部环境

　　最后，主办机构的外部因素需要接受和贯彻评估结果。这可能会涉及一系列的利益相关者，特别是最终决定和实施 HIA 相关政策或者计划的决策者。这一群体应当乐于倾听评估结果，并且愿意将结果和建议纳入其决策过程之中。此外，其他利益相关者，如社区团体、非政府组织、制造商、市政部门、地方政府或其他组织，应该对结果传播和成果促进予以关注。如果没有决策者和其他利益相关者的参与和准备，HIA 很可能会被置若罔闻，不会有任何改变或实施。在 HIA 中对环境进行早期评估将有助于组织避免资源浪费，如将资源用于几乎不可能引起变化的评估项目。

　　作为 HIA 过程的一部分，组织需要发展这些关系。重要的是让利益相关者，包括最终的决策者，尽早参与到 HIA 过程中，便于其更好地理解 HIA

的价值及和他们的相关性。这也有助于确定决策实体以何种方式准备并展示 HIA 结果，从而使利益相关者接受并理解相关结果（见第十一章）。不过，这并不意味着要按照利益相关者的意愿去改变结果，但是确实意味着会以相关受众能够接受和听懂的方式呈现出来。

与其他组织形成联系是很重要的。从政府角度出发，这通常意味着跨部门的支持，这可能是 HIA 成功的一个重要因素（Lee et al.，2013）。如图 16.1 所示，当制度支持、知识和资源以及外部环境这三个因素都可用时，HIA 成功的可能性最大。

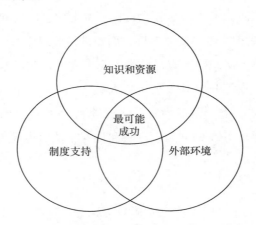

图 16.1　HIA 成功最大化策略

HIA 的成功策略

二十多年来，世界各地的政治管辖区一直将 HIA 纳入政府决策过程中。这些地区包括加拿大不列颠哥伦比亚省和魁北克、澳大利亚南澳大利亚州、新西兰、威尔士和荷兰，另外还有很多其他区域。通过评估这些司法管辖区的成功案例和失败案例，人们确定了一些对成功实施 HIA 至关重要的策略（d'Amour et al.，2009；Gagnon et al.，2008，Signal et al.，2006）。这些战略与上面讨论的三个关键因素（制度支持、知识和资源以及外部环境）息息相关。尽管这些策略（特别是 HIA）都是在政府政策引导下发展起来的，但这些策略也为其他类型的组织提供了经验。

1. 用可持续基金建立一支专业的 HIA 团队

在国际上建立一个"HIA 机构"对于成功建立一个"在所有政策中贯彻卫生工作"的框架是至关重要的。新西兰、加拿大、澳大利亚和荷兰等国家都成立了"HIA 支持机构",为政府机构提供咨询服务、支持和专业知识。

2. 特定部门 HIA 领导或"拥护者"

有必要建立一个跨部门的个人网络,这个人能够承担或促进 HIA。为每个政府机构指定一个 HIA 领导或"拥护者",创建一个有助于在政策制定中借鉴和使用 HIA 的管理结构。一个"拥护者网络"还可以通过提供连续性知识,帮助提高政府内部对 HIA 的认识水平及增强 HIA 项目的可持续性。

3. 有信心实施 HIA

- 了解更广泛的健康决定因素;
- 根据 HIA 的目的培养组织和个人;
- 获得公共卫生和 HIA 技术专长。

个案研究表明,作为政策发展的一部分,缺乏了解或信心是各机构在进行 HIA 过程中的最大障碍。另外,个案研究也清楚地表明,随着机构工作人员(包括熟悉健康决定因素以及政策对健康的影响)对 HIA 理解的不断加深,其对 HIA 的兴趣随之加强,使用频率也越来越高。

4. HIA 的积极经验

一个明显又重要的预言表明,如果一个机构在过去对 HIA 有过积极的经验,比如"早期采纳者"能够展示这种积极的经验(通过改进伙伴关系、更有效的政策、更有效的决策等),他们的热情参与将对政府机构关于 HIA 的价值及其基本原理的沟通工作起到积极作用。

5. 通过展示 HIA 中的价值和经验进行分阶段实施的方法

成功 HIA 通常建立在分阶段、多策略的方法上。这需要时间和资源来发展能力,提高认识,并提出政府成功支持 HIA 的实证。在促进广泛的 HIA 之前,证明 HIA 的政策价值以及促进政府内部的政治意愿是必要的。加拿大、新西兰和澳大利亚的案例研究表明,成功的基础在于分阶段实施的方法，这些方法始于政府内部和其他利益相关者的能力建设。

6. HIA 结构周期性的"试点测试"方法

将结构周期纳入试点测试已被确定为一个关键因素。试点测试能够根据政府利益相关者的需要对 HIA 方法进行调整和改进。试点测试还可以为使用基于策略的 HIA 提供经验和成功的证据，并能讨论 HIA 对公共政策开发的价值。

7. 基于跨政府领导的组织框架

为政府利益相关者确立职责明确、定位清晰的组织框架有助于确保计划执行的准确性和稳定性。在国际上，跨部门委员会或组织架构几乎被普遍用来管理与政策性 HIA 制度化有关的执行活动。

8. 政治支持和高层管理者的支持

在政策制定中应用 HIA 的一个主要障碍是缺乏政治支持和来自高级管理者的支持。开展政策性 HIA 活动的机构必须来自卫生部门以外的部门，如高级别政府部门。来自各政府机构高级管理者的支持对政策性 HIA 的顺利实施至关重要。

9. 公共卫生部门提供的专业知识

国际和国内的个案研究明确指出，卫生部门提供专业知识对于政府内部开展基于政策的 HIA 来说具有重要作用。公共卫生部门可以在收集和解释与健康有关的数据方面提供专业知识以便在评估中使用。另外，公共卫生部门的支持也会为 HIA 提供强有力的保障。

10. HIA 的法定要求

案例研究表明，如果没有对 HIA 进行立法要求，那么随着时间的推移，其实施过程就不太可能持续下去。在已经成功地将 HIA 制度化的司法管辖区，如英国、加拿大、澳大利亚和新西兰等地，都注意到了这一点。如本章前面所述，不列颠哥伦比亚省提供了一个反例，在那里，以政策为基础的 HIA 本来一直在发展中，却因为政府更迭失去了政治支持，最终导致其没有被纳入立法。尽管 HIA 很早就被提出，但在接下来的十年里，不列颠哥伦比亚省基本上放弃了将 HIA 应用于公共政策的努力。

参考文献

Banken, R. 2001. Strategies for Institutionalizing HIA. WHO European Centre for Health Policy, Brussels.

d'Amour, R., St. Pierre, L., Ross, M. C. 2009. Discussion Workshop on Health Impact Assessment at the Level of Provincial Governments. National Collaborating Centre for Health Public Policy, Montreal.

Gagnon, F., Turgeon, J., Dallaire, C. 2008. Health Impact Assessment in Quebec: When the Law Becomes a Lever for Action. National Collaborating Centre for Health Public Policy, Montreal.

Lee, J. H., Röbbel, N., Dora, C. 2013. Cross-country Analysis of the Institutionalization of Health Impact Assessment, Social Determinants of Health Discussion Paper Series 8 (Policy & Practice). World Health Organization, Geneva.

Signal, L., Langford, B., Quigley, R. et al. 2006. Strengthening Health, Wellbeing and Equity: Embedding Policy-level HIA in New Zealand. Social Policy J N Z 29: 17 – 31.

第十七章
展望

摘　要：　本章探讨了健康影响评估（HIA）改善美国健康状况的整体
潜力。通过回顾 HIA 的作用和贡献，探讨了如何更高效地开
展 HIA，及其面临的机遇和挑战。然后着重讨论了 HIA 对持
续改善人类和社区健康状况的作用，以及扩展 HIA 在决策中
的应用。主要的结论是，实施 HIA 需要依靠团队合作、加强
专业人员之间的交流联系，还需要依赖卫生领域之外经过专
业培训的医疗卫生服务供应者。本章讨论了整合 HIA、其他公
共卫生活动和政策倡议的策略，并评估了将其他健康评估的
结果作为 HIA 影响因素的可能性。①

关键词：　挑战；伙伴关系；融合健康影响评估；培育变革；健康风险
评估；公共卫生机构；社会影响评估；健康专业人士（医疗
专家）

正如本书前面所讨论的，与其他较早建立的评估类型相比，健康影响
评估（HIA）是一门较为年轻的学科，尤其是环境影响评估（EIA）。此
时，开发了 HIA 标准化方法和最佳实践，并且通过特定场景分析工具和证

---

① 　C. L. Ross et al.，*Health Impact Assessment in the United States*，DOI 10. 1007/978 − 1 − 4614 −
7303 − 9_17，© Springer Science + Business Media New York 2014.

据资源继续发展完善。HIA 的应用在不断增加。1999～2009 年，美国只完成了 54 项 HIA。然而，在接下来的 4 年里，就有 200 多项 HIA 已完成或正在进行。

尽管美国目前没有对 HIA 进行法律授权，但通过 HIA 解决健康问题的可行性仍然很大。亚利桑那州立大学的桑德拉·戴·奥康纳法学院对非健康领域的 HIA 应用进行了研究。研究小组审查了 20 个州、10 个地区和 5 个部落的政策和法律要求。他们指出，环境、能源、交通、农业、废物处理和回收这几个非健康领域，在健康问题方面获得的关注最多。他们还认为在非卫生部门进行决策时，需要考虑大量的与健康影响相关的法律政策（Hodge et al.，2011）。

尽管如上文提到的，非卫生部门对卫生问题非常关注，也提出了利用 HIA 改善美国人口健康状况的优势和机遇，但仍有许多问题有待解决，如其效验、使用是否得当，以及其改善美国整体卫生保健状况的潜力等。

关于 HIA 的问题包括：

• 美国的 HIA 有什么不同？

• HIA 的价值是什么？

• 需要做什么来提升 HIA 的决策者、从业者以及大众群体的认知和接受度？

• 如何为 HIA 提供资金，使其能够完全融入决策和规划，以及发展为一种可持续的、易于使用的工具？

• 对计划部门、公共卫生部门、卫生保健专业人员和其他部门进行 HIAs 培训最有效的策略是什么？

• 我们如何继续开发和识别对使用 HIA 至关重要的知识和技能？

• 我们如何将利益相关者和专门实施 HIA 的领域之外的行业融入由专业人员和卫生保健提供方组成的体系中，从而扩大他们的网络圈？

正如这些问题所指出的，如果要将 HIA 作为改善美国健康状况的工具，必须面对一些问题。其中一个主要问题是要考虑实施 HIA 所需的资源、资金和人力。在现有的能够获取和管理所需资源的框架下，如何能够促进和扩展

HIA 的实施？虽然国家授权开展 HIA 比较引人注目，也比较全面，但 HIA 的发布和使用也在国家、机构和私营部门的管辖和权限之内。

HIA： 促进变革

将 HIA、其他公共卫生活动和政策纳入相关领域的战略对于扩大 HIA 以及促进变革是十分重要的。将其他健康评估的产出作为 HIA 过程的一部分是一项值得考虑的策略，这需要将相关专业和学科进行更大程度的整合。将 HIA 纳入《国家环境政策法案》（NEPA）所阐明的环境标准中，这件事情带来的机会受到了广泛关注，并在第三章中得到了深入讨论。然而，还有直接由公共卫生领域和日益增长的影响评估领域所带来的其他整合机会。

规划合作动员行动（MAPP）、社区健康评估和团体评估（CHANGE）以及社区环境卫生表现评估议定书（PACE-EH），都是评估和监测社区卫生的常见工具（见框 17.1）。这些工具可用于识别、干预公共卫生规划过程中的策划和实践。

框 17.1 MAPP、CHANGE 和 PACE – EH 工具的定义

国家城镇卫生官员协会（NACCHO）将规划合作动员行动（MAPP）定义为：“以社区为导向的改善社区健康的战略规划过程。在公共卫生领域领导人的推动下，该框架帮助社区应用战略思维，将公共卫生问题列为优先事项，并确定解决这些问题的资源。MAPP 不是一个以机构为中心的评估过程，相反，它是一个互动的过程，可以提高效率、效果，并最终改善当地公共卫生系统的现状。”（NACCHO，2013）

疾病预防和控制中心（CDC）对社区健康评估和团体评估（CHANGE）工具的描述如下：“该工具帮助社区团队（如联盟）制订社区行动计划。该工具通过评估过程来引导社区团队成员，并帮助他们定义和优先考虑可能

的改进领域。有了这些信息作为指导，社区团队成员可以创建可持续的、基于社区的改进措施，这些措施可以解决慢性疾病和相关风险的根源。它可以用于每年的政策、制度和环境变化策略评估，并为未来的努力提供新的优先思路。"（CDC，2013a）

作为一种研究方法，"社区环境卫生表现评估议定书"（PACE-EH）被疾病预防和控制中心（CDC）、国家环境健康中心（NCEH）以及国家城镇卫生官员协会（NACHO）定义为："社区和地方卫生官员实施社区环境卫生评估的指南。PACE-EH 秉着社区协作和环境正义原则，让公众和其他利益相关者参与进来：（1）确定当地的环境卫生问题，（2）确定行动的优先次序，（3）针对最具风险的人群，（4）解决已确定的问题。"（CDC，2013b）

尽管 MAPP、CHANGE 和 PACE-EH 等工具在公共卫生领域被广泛用于解决疾病的根源。然而，它们关注的是社区内的现有状况。另外，HIA 是一种工具，用于预测在当前条件下，当引入新政策、计划或项目时，社区内可能发生的变化，从而为社区卫生的良性发展提供替补方案。

从影响评估领域来看，社会影响评估还能起到整合的作用。社会影响评估的目标之一是推动改进，提高项目对服务对象的价值。社会影响评估"帮助组织更好地计划，更有效地实施，并成功地将计划扩展到成规模的状态。SIA 促进问责制，支持与利益相关者的沟通，并帮助指导稀缺资源的分配"（Zappala and Lyons，2009）。把 HIA 和社会影响评估联系起来，有可能普及HIA 的使用，并提高组织实现其目标的能力。亚特兰大环线项目（在第五章中有过叙述）就是一个例子，在亚特兰大城市核心的改造过程中，HIA 被用来增加利益相关者的体育活动和绿地空间。在这种情况下，HIA 被用来支持社会目标；在其他情况下，社会影响评估将人类健康定义为社会经济环境的一个组成部分。重要的是，使用 HIA 和社会影响评估对组织可能具有同等的重要性，而且 HIA 有时可能是次要的角色。

健康风险评估 （HRA） 代表了另一种与 HIA 更紧密交互的评估方法。如第三章所述， 健康风险评估测评的是会对健康造成负面影响的风险， 这些风险往往是由特定的化学品或危险造成的。 一般来说， 通常遵循美国环境保护署 （EPA， 2012） 的定义方法， 只关注来自有害物质的生物物理风险。 虽然这一重点还不足以解决对人类健康可能产生的广泛影响， 但从发展的角度来看， 对于接触污染物可能性的考虑仍作为保障公共健康的一个关键支柱。

结合如何最大限度地挖掘 HIA 做出独特贡献的潜力， 应用 HIA 的环境需要慎重考虑。 一种思想流派认为， 将 HIA 的使用度和可接受度最大化的最好方法是实施尽可能多的 HIA 实践。 然而， 另一个有效方法是， 更仔细地瞄准那些最适合展示 HIA 的贡献和能让其创造最大价值的机会。 公共议程上可能出现的重大机遇和问题是什么？ 私营部门将解决的问题是什么？ HIA 能在哪些领域展示其价值？ 经过更深度地讨论后， HIA 从业者及支持者如何努力将 HIA 定位为决策过程中的主要组成部分？ 这两种方法的价值需要当前从业者和支持者做出更全面的考虑。 也许， 在不久的将来， 对这一问题的更多审议会被列为一项高度优先事项， 以便考量不同方法的标准、 执行情况和资源需求， 从而提高 HIA 的可接受度并促进其实践应用。

让公共卫生部门来领导 HIA 是非常有利的， 它们能够为 HIA 的制度化提供机会。 大多数公共卫生部门的工作人员是专业人员， 他们具有委托、 承担或审查 HIA 的技能和专业知识， 公共卫生部门在监控、 提供安全防范和改善公共卫生方面有绝对的优势， 但目前很少有公共卫生部门承担这种领导工作。 将 HIA 更全面地融入公共卫生部门的项目是增加 HIA 实践的合理方式， 就像 MAPP、 CHANGE 和 PACE-EH 一样。 此外， 公共卫生部门与其他卫生专业人员之间互动频繁， 通过这种互动能让各机构形成联系， 从而使了解 HIA 的专业人员的数量不断增加， 使他们为形成一个积极的健康结果做出贡献的可能性也越来越大。 在国家层面参与也具有可行性。 马萨诸塞州、 加利福尼亚州、 马里兰州、 明尼苏达州和西弗吉尼亚州等已经提出立法， 允许州卫生部门在 HIA 中发挥更大的作用 （Committee on Health Impact Assessment，

National Research Council，2011）。

最后，必须认识到，对 HIA 的需求是在这样一个广泛共识之上的，那就是不同部门的决策和行动对个人和社区的健康会有强烈的影响。这一观点并不是刚刚兴起的，在美国和国际上已经被公共和私营组织大力推广。然而，由于并没有广泛地、有组织地教育和引导那些最易受新政策、新战略和新项目影响的人群，其结果有好有坏。因此，提升 HIA 的效果应重视这方面能力的建设。对 HIA 进行更深入的了解具有重要意义，但更关键的是要认识到卫生部门以外的项目和政策对健康同样具有重大影响。

展望未来，我们在围绕政策、计划和项目的大部分决策中要考虑健康因素，从而确保社区和民众更加健康，并让 HIA 工作成为一个强大而非孤立的角色。

参考文献

Centers for Disease Control（CDC）. 2013a. CHANGE Tool-healthy Communities Program. http：// www. cdc. gov/healthycommunitiesprogram/tools/change. htm. Accessed 3 July 2013.

Centers for Disease Control. 2013b. EHS-CEHA-PACE EH Development. http：//www. cdc. gov/ nceh/ehs/CEHA/PACE_EH. htm. Accessed 3 July 2013.

Committee on Health Impact Assessment, National Research Council. 2011. *Improving Health in the United States：The Role of Health Impact Assessment.* The National Academies Press, Washington, DC.

Hodge, J. G., Fuse, Brown E. C., Scanlon, M., Corbett, A. 2011. *Legal Review Concerning the Use of Health Impact Assessments in Non-health Sectors.* Health Impact Project, Arizona State University Sandra Day O'Connor College of Law, Pew Health Group and Robert Wood Johnson Foundation.

National Association of County and City Health Officials（NACCHO）. 2013. Mobilizing for Action Through Planning and Partnerships（MAPP）. http：//www. naccho. org/topics/infrastructure/mapp/. Accessed 3 July 2013.

U. S. Environmental Protection Agency （EPA）. 2012. Human Health Risk Assessment. http：//
　　epa. gov/riskassessment/health-risk. htm. Accessed 1 July 2013.

Zappala，G. ，Lyons，M. 2009. Recent Approaches to Measuring Social Impact in the Third Sec-
　　tor：An Overview，CSI Background Paper No. 5. The Center for Social Impact. http：//
　　www. csi. edu. au/site/Knowledge_Centre/Asset. aspx？ assetid = b20aada17ffad8f7.

附录 1
HIA 报告清单

为保证报告的全面和透明，同时为读者提供足够信息，用其评估 HIA 及正待评估的项目或政策建议，以下清单综述了 HIA 报告应当包含的信息。

该报告清单是由梅特·弗兹加德、本·凯夫和艾伦·邦德提出的一份关于 HIA 报告的审查报告改编而成。[①]

结构

- 章节中的信息应按其逻辑罗列，重要数据的位置在目录或索引表中要有所描述。

- 研究的主要发现和结论应有简明的摘要（内容摘要），摘要中应避免出现关于术语、数据列表以及科学方法的详细阐述。

- 要清楚呈现所有引用的证据和原始数据资料。

项目背景

项目描述

- 陈述项目目的和目标，阐明其最终操作特性及正在考虑的可替代方案，若无正在评估的其他替代方案，应当注明。

- 应预估构建阶段、运行阶段以及正当停用阶段的期限。

- 应陈述项目与其他方案的关系。

---

① Fredsgaard, M. W. , Cave, B. , Bond, A. （2009），开发项目 HIA 报告审查包。Ben Cave Associates 有限公司。C. L. Ross et al. , *Health Impact Assessment in the United States*, DOI 10. 1007/978 – 1 – 4614 – 7303 – 9，© Springer Science + Business Media New York 2014.

项目站点　（地点）　描述及政策框架

• 报告应描述项目站点及周围地区的自然特征，包括项目选址、设计和规模及在构建和运行阶段大概占用的土地面积。图表、平面图或地图的呈现或引用将有所帮助。图示材料应确保使不了解平面设计的人士能轻松理解。

• 报告应描述目前使用项目站点和周围地区的方式。

• 报告应描述政策背景，并说明项目是否符合改善公众健康及公共卫生状况并减少卫生不平等现象的主要政策。可包括地方政策、地区政策、国家或国际政策，以及特定行业或领域的政策等。

社区档案

• 明确运用此项目可能受影响的社区及其受影响的主要方式。

• 为可能受到影响的社区建立公共卫生档案，为评估健康保护、健康改善以及卫生服务的需求构建信息依据。

• 档案需确定弱势群体，条件允许的话，还应描述不同群体间存在的健康不平等情况以及更加全面的健康决定因素。

• 档案应明确期限、地理位置及被描述群体的信息，并将其与提出的项目联系起来。

方法

管理

• 应描述 HIA 管理过程 （如：是否有专门指导小组负责 HIA 的引导和审查？该小组的成员构成？该报告及调查结果的最终所有者或者解释权归谁所有？是否明确专员在 HIA 过程中有发现及报告 HIA 调查结果的职责?）

• 应告知读者 HIA 的授权范围，并明确说明 HIA 涉及的地理、时间和人口范围。

• 应明确 HIA 在准备过程中的全部制约因素。包括证据可得性及获取方法的局限性，如时间、资源、数据获取、关键信息提供者及利益相关者是否参与等。此外，还应明确 HIA 过程涉及的其他制约因素。

利益相关者参与

- 报告应明确利益相关群体，如负责保护和改善健康的组织应纳入 HIA 过程中。

- 报告应明确与 HIA 有关的参与策略。

健康影响的识别和预测

- 报告应描述 HIA 筛选阶段与范围界定阶段以及这些阶段中使用的方法。

- 应酌情描述定量证据的收集和分析情况，并合理说明其与 HIA 的相关性。

评估

健康影响描述

- 应明确并系统地说明项目对健康的潜在影响，包括有利影响和不利影响。〔影响的确定是否考虑短期和长期的问题（长短期的时间如何界定）？是否考虑对健康直接或间接的影响？对健康影响的确定是否在建构、运行阶段和停用相关阶段之间有所区分？〕

- 对潜在健康影响的确定应该考虑更广泛的健康决定因素，如社会经济、身体和精神健康因素。

- 概述健康影响的因果途径应有证据支撑。

风险评估

- 应详细说明潜在健康影响的性质。〔例如：评估是否考虑到影响的严重程度（强度、可逆性以及对弱势群体的影响）、范围（受影响的人数及影响持续的时间）、重要性（包括政治方面及道德伦理角度）？每个替代方案的健康影响是否已经评估？有时，健康影响优先于提出建议，鉴于此，是否已经提出健康影响等级排序的标准？〕

- 评估结果应附有一份声明，说明对健康影响确定性或不确定性的预测。

- 报告应确定和证明用来评估健康影响重要性的标准和阈值。

影响分布分析

• 应明确受影响的群体。

• 应研究、预测健康影响分布中的不平等，并陈述这些不平等的影响。

建议

• 应制定一份建议清单，以促进对健康影响的管理，增进其有益的方面。有些 HIA 包含作为管理计划的建议，列出利益相关者的角色和职责，并提供行动的时间表。这些建议是否与其他相关研究结果有关，如环境影响评估（EIA）？

• 应明确项目倡导者对建议和缓解方法的承诺水平。

• 应制订一项关于以相关指标监测未来健康影响的计划，提供一个含有建议的评估过程。

报告

结果商讨

• 报告应说明相关方的参与如何影响了 HIA 的结果、结论及使用方法。

• 报告应说明对相关人口的健康影响以及已考虑到的其他替代方案。

• 报告应为所得结论做出解释，尤其是在某些证据比其他证据更有说服力的情况下。

附录 2
HIA 可用资源

HIA 协会

• 健康影响评估从业者协会（SOPHIA），http：//www. hiasociety. org。

健康影响评估从业者协会是一个为北美和世界各地的 HIA 从业者提供服务以满足其需要的组织，是目前唯一一个为 HIA 从业者提供专业服务的组织。该协会旨在促进高质量的 HIA 实践，并通过提供在线资源和机会，如同行评审和指导，来支持新任和旧有的 HIA 从业者。

• 国际影响评估协会（IAIA）卫生科，http：// www. iaia. org。

国际影响评估协会是一个影响评估实践的促进创新、发展和交流的论坛。协会成员的国际性特点促进了地方以及全球应用环境、社会、卫生和其他形式评估能力的发展。在这些评估中，健全的科学体系和充分的公众参与为公平和可持续发展奠定了基础。

规划和公共卫生协会

• 美国规划协会（APA）规划和社区健康研究中心，http：//www. planning. org/nationalcenters/health/index. htm。

美国规划协会主要为专业规划者和学生提供常规资源（新闻）、延伸资源（教育），以及与城市规划相关的网络资源。美国规划协会规划和社区健康研究中心基于"社区的设计与健康密不可分"的认知，主要提供与规划健康场所相关的资源。

• 美国公共健康协会（APHA），http：//www. apha. org。

美国公共健康协会是一个由公共卫生专业人员组成的国家协会，致力于改善公共卫生状况，使全民健康状态实现公平。美国公共健康协会引领公共卫生发展方向并提供相关资源、教育、会议以及政策和实践方面的信息。

线上健康影响评估社区

- HIA 博客，http://healthimpactassessment. blogspot. com。
- HIA 推特，@ hiablog。
- HIANET 电子邮件讨论组（订阅方式详见 https:// www. jiscmail. ac. uk/ cgi-bin/webadmin？ A0 = HIANET）。

已完成的健康影响评估、指南及工具包

- 健康影响项目 （HIP），http://www. healthimpactproject. org。

作为一项国家计划，罗伯特·伍德·约翰逊基金会和皮尤慈善信托基金会合作的健康影响项目旨在促进将 HIA 作为决策者的决策工具。除了提供已完成的 HIA 的资料，它们的网站还包括培训材料、PPT、政策简介、工具包、指南、文献和数据来源。

- 健康影响评估从业者协会 （SOPHIA），http： www. hiassociety. org。

健康影响评估从业者协会拥有许多高质量的 HIA 工具和资源，包括 HIA 报告的优质案例。该协会网站也是一个实用性很强的资源库，有关于培训课程、会议、资金机会和从业人员的信息。

- 加州大学洛杉矶分校健康影响评估学习与信息中心 （HIA-CLIC），ht-tp:// www. hiaguide. org/。

加州大学洛杉矶分校健康影响评估学习与信息中心扮演着信息交换中心的角色，主要负责对美国已完成的 HIA 报告信息的分析，在农业、住房等特定领域整理了以健康影响为基础的相关背景信息。

- 健康影响评估网关，http://www. hiagateway. com。

位于英国的健康影响评估网关主要为 HIA 从业人员及希望开展 HIA 或其他影响评估过程的人员提供关于 HIA 的资源及信息。该网关收录了数量最

多的国际上已完成的 HIA 报告。

●健康影响评估：政策的信息和洞察力，http://www.ph.ucla.edu/hs/health-impact。

该项目是华盛顿特区的预防合作伙伴关系和加州大学洛杉矶分校公共卫生学院的研究人员共同努力的结果，提供了一套评估方法、系列报告和出版物、培训及相关链接。

●旧金山湾健康影响评估合作组织，http://www.hiacollaborative.org。

旧金山湾健康影响评估合作组织由学术、政府和非营利 HIA 从业人员组成，致力于更有效地开展 HIA，与利益相关者建立伙伴关系，提供培训，并帮助制定政策。该网站提供了一个有用的工具库，用于指导 HIA 开展、伙伴关系建立、案例研究和政策制定。

●健康场所：健康影响评估，http://www.cdc.gov/healthyplaces/hia.htm。

该资源由疾病预防和控制中心提供，它建议将 HIA 作为实现"2020 健康全人类"目标的规划资源。该资源提供了实况介绍、信息交换中心、在线课程和大学教育机会、方法、工具和实践证据、与环境影响评估的联系、公共政策发展，以及从业者研究。

●健康设计，http://designforhealth.net/hia。

该网站针对目标规划者提供关于开展 HIA 的指导。网站上讨论了 HIA 的工具、资源和基本背景，已完成的 HIA 案例，并提供了同行评审的文献摘要，这些课题的文献详细分析了实证的可信度，以及需要深入研究的领域。

●健康影响评估链接，http://www.hiaconnect.edu.au。

作为新南威尔士项目的一部分，健康影响评估链接旨在支持人们开展 HIA。该网站由新南威尔士大学的初级卫生保健和公平研究中心的卫生公平培训、研究和评估中心（CHETRE）维护，健康影响评估链接提供了关于 HIA 的资源和信息，包括报告、实践证据、研究和资讯等资料。

●IMPACT，http://www.liv.ac.uk/ihia/IMPACT_HIA_Reports.htm。

IMPACT 从属于利物浦大学世界卫生组织合作中心公共卫生部门。该部门成立于 2000 年，提供 HIA 研究、咨询、培训和能力塑造等服务。该网站还提供了一个完整的 HIA 报告资料库。

● 世界卫生组织（WHO）， http：∥www. who. int∕hia∕en。

世界卫生组织是联合国系统内卫生方面的指导和协调权威机构，负责在全球卫生事务方面发挥领导作用。该网站提供了关于 HIA 的基本信息、工具和方法、跨部门的案例、网络资源以及在决策制定方面的案例。

● 国家健康公共政策合作中心 （加拿大）， http：∥www. ncchpp. ca∕docs∕ HIAGuidesTools2008en. pdf。

国家健康公共政策合作中心为 HIA 提供了一套非常有用的指导方法：指南和工具包。

其他有益资源

● 县健康状况排名， http：∥www. countyhealthrankings. org。

这组来自县级层面上的报告提供了关于健康结果和健康决定因素的统计数据，以帮助社区领导人和公众了解我们生活、学习、工作的环境，以及这些环境如何影响我们的健康状况和寿命。

● 健康发展测量工具 （HDMT）， http：∥www. thehdmt. com。

该健康发展测量工具由旧金山公共卫生部门发起设立，由一组指标组成，用于评估土地使用计划、项目或促进人类健康的政策制定。广义的健康发展测量工具包含了构成一个健康城市的六个要素：环境管理、可持续和安全的交通、公共基础设施、社会凝聚力、充足且有利于健康的住房以及良好的经济。

● 环境建设和公共健康课程， http：∥www. bephc. com。

该网站的设计目的是提供一个关于环境建设和公共健康主题的重要概述，这些主题构成连贯的学习计划，贯穿于一个完整的学术周期，或者作为单独的模块整合到特定的课程主题中。其提供的资源有关课程设计、案例教学大纲、有益的阅读材料、文章、网站、组织、会议、视频、网络研讨会的指南以及与公共卫生相关的教育计划国际清单，还为如何将 HIA 融入教学或课程提供了指导。

● 信息设计，http://www.informedesign.org。

信息设计是一种以实证为基础的设计工具，它将研究转化为一种易于阅读、易于使用的形式，供建筑师、平面设计师、住宅专家、室内设计师、景观设计师和公众使用。该网站是最新数据的一个极好的来源，可以帮助从业者和政策制定者获取有关健康和地点研究的最新数据。

● 儿童肥胖研究国家合作机构（NCCOR）监控系统目录，http://tools.nccor.org/css。

该网站提供了现有监控系统的目录，其中包含关于饮食和身体活动测量的数据。该目录包括当地、州和国家多个层面提供的数据。用户可以识别和比较监视系统，以满足研究需求，并链接到其他感兴趣的资源。

● 美国绿色建筑委员会能源和环境设计、社区发展领导性能绿色社区认证体系（LEED，ND），http://www.usgbc.org/DisplayPage.aspx? CMSPageID=148。

LEED 绿色社区认证体系由美国绿色建筑委员会（USGBC）、新城市主义大会和自然资源保护委员会合作提出，是一个社区发展评级体系，该体系将智能增长、城市主义和绿色建筑的原则融入第一个国家社区设计体系中。除了评级系统之外，该网站还提供项目指南、项目概况、案例研究、演示文稿和其他资源。

附录 3
样品评估部分

以下三个样本评估部分与第九章"评估"中讨论的案例研究有关。

样品评估部分1

以下摘录截取自堪萨斯健康研究所的报告《堪萨斯州东南部赌场发展的潜在健康影响》（2012）。

这篇摘录介绍了 HIA 中与赌场潜在就业相关的健康影响的概要。

赌场就业

就业与健康

总的来说，有更好工作机会的人健康状况更好，而且随着时间的推移，他们的健康状况下降得也更慢。在切罗基县或克劳福德县开设赌场可能会提高当地的就业水平。就业的有形（如医疗保险、收入）和无形的利益（如意义感）可能对健康产生积极影响。

医疗保险。拥有保险增加了获得医疗卫生服务的机会，进而影响到一个人的健康。获得定期和可靠的医疗卫生服务也可以预防疾病和残疾、发现和治疗健康状况、提高生活质量、降低过早死亡的可能性和延长预期寿命。

收入。收入较高的人有大概率有更长的预期寿命和更健康的身体质量指数（BMI）。

工作与赌场相关的人受积极健康影响的程度在很大程度上取决于身体（如吸入二手烟）、心理（如轮班工作）和社会（如经济充足）工作环境的多重特征。以下可能导致负面结果的影响与赌场就业有关。

轮班工作。在赌场里的轮班和深夜工作可以打乱睡眠周期，导致失眠。结果就是轮班工作者增大了发病和死亡的风险。

吸入二手烟。吸入二手烟的前提是发生在不禁烟的赌场里，这对不吸烟者有重大的健康影响，如患肺癌和心脏病的风险增加。适用于赌场的室内禁烟令可以改善空气质量，减少二手烟的伤害，降低由心脏病发作引起的住院率。

危险行为。有证据表明，赌场雇员的病理性赌博、吸烟、酗酒和抑郁的发生率高于一般成年人。

政府援助。赌场就业可能为新员工提供增加收入的机会。然而，收入增加可能会产生潜在的意外后果，例如丧失享受公共福利的资格（如儿童保育补贴、医疗保险、食品券等）。

"贫困已经给堪萨斯东南部带来了伤亡——我不确定它是否可以逆转。"

因此，员工可以工作并赚取更多的收入，但还不足以弥补这些损失。这可能会进一步影响他们购买所需的营养食品和医疗保险的能力，从而对健康产生负面影响。

社区情况

社会经济水平低下及其对该地区健康的巨大影响似乎是社区受访者的首要主题。有些人特别提到了贫困和社会经济水平低下，而另一些人只是提到了堪萨斯东南部居民的整体健康状况不佳，指出部分原因是社会经济水平低下。无论个人受访者提出社会经济水平低下和贫困的影响有多大，经济状况的低迷和对健康的影响都是绝大多数受访者的共同主题。以下是他们对于健康、贫困和赌博的看法：

"它将更多地关注人们的收入以及游戏对自由支配收入的影响。"

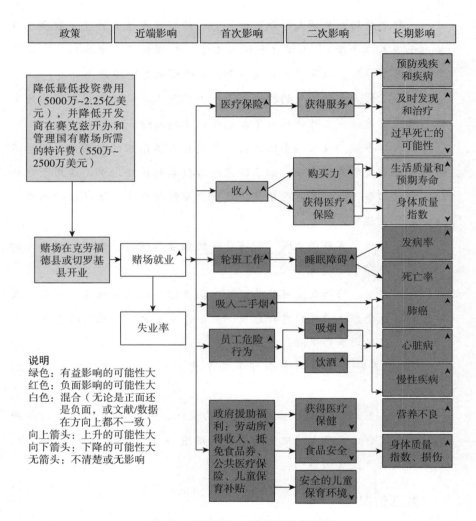

图 11 赌场就业对健康的潜在影响

资料来源：2012 年 HIA 赌场项目。

"用本该用于必需品消费的钱来赌博。"

"收入水平［是一个影响社区健康的关键因素］。"

"一个地区的文化、社会规范和收入［影响社区的健康］。"

"以家庭为单位的财务状况［影响社区的健康］。"

"将资金从家庭转移到游戏产业会破坏家庭的健康。"

"是的——我们必须考虑到因为我们子女的社会经济状况，所以'健康数据'是很普遍的。很多事情都会影响他们的健康，我们必须记住这一点。"

"有足够的食物——你没有三个家庭住在一起。"

"贫困已经给堪萨斯东南部带来了损失——我不确定它是否可以逆转。"

就像贫穷的共同主题和它对健康的巨大影响一样，社区中的赌场和工作问题也有贫穷的"正面"和"负面"。受访者指出就业和经济对任何社区都很重要：

"一些人的就业潜力［不够］——很难在这个区域找到工作。"

"工作［是社区健康的关键因素］。"

"它（赌场）对经济有好处，但对堪萨斯东南部居民的健康没有好处。"

"社区的工作和更多的钱。"

"经济稳定。"

"它（赌场）将在这个地区提供更多的就业机会和其他东西，而且很多时候，如果人们参与其中，就可以获得医疗保健和可支配收入。"

"俄克拉何马州的迈阿密是一个值得学习的好榜样，因为那里的人们见证了在赌场这一行业有很多的衍生品，这个地方真的发展得很好。"

"人们对周围环境是有期望的，或者是你期望看到，实际上你处在这个州最贫穷的地区、最穷困的县城。上次我们这里有赛马场时，大多数员工没有保险。这些员工会得到保险吗？……这不得而知。"

"我认为，从某种积极意义上说，社区可能会越来越支持赌场的商业发展。"

"从经济层面来说，这将对我们的社区带来很大的帮助。"

一些社区成员还认为吸烟是该地区的首要健康问题。一名成员表示，该州的"禁烟令需要扩大到赌场，以减轻在该场所中吸烟的负面影响。"

文献情况

就业和失业

　　赌场常被引入社区以促进经济发展。巴克桑德尔对 26 个州的赌场相关影响研究发现，有赌场的县的人口增速比没有赌场的高 5% 左右。这些县的就业率增长了 1.1 个百分点，但是失业率没有显著差别。这表明，就业增长被人口增长所抵消，这意味着更多的就业机会被分配给更多的人。但文兹并未发现，有赌场的县的生活质量在统计学上有显著提高。《赌博的影响和行为研究》表明，人均收入保持不变，而失业率下降。这表明有新的工作岗位，但它们不一定是更好的工作。朗对科罗拉多州和南达科他州乡村赌场的调查发现，该地区的就业机会确实有所增加，但尚不清楚有多少当地居民受雇于该赌场。

轮班工作

　　在赌场的工作常常导致加班和睡眠周期被打乱，这可能导致失眠。轮班工人患病和死亡的风险升高。睡眠不足还导致生活质量下降，与睡眠不足相关的慢性疾病有糖尿病、心血管疾病、肥胖和抑郁症。亚特兰蒂斯对轮班工人进行了一项随机对照研究，研究人员发现，运动干预可以显著改善睡眠质量。轮班或加班会影响员工及其家庭。斯特拉兹丁发现，非标准化的工作时间安排与孩子的情绪和行为障碍有关，这可能是父母对孩子的态度更不友好、父母抑郁和较差的家庭功能所致。婚姻也可能受到非标准工作时间表的影响。结婚不到五年并上夜班且有子女的男性与伴侣分居或离婚的可能性是未婚者的六倍，结婚超过五年、上夜班且有子女的女性分居或离婚的可能性是未婚者的三倍。当一对已婚夫妇上夜班，但没有孩子时，这些影响是不可见的。

吸入二手烟

　　吸入二手烟是赌场员工的另一个担忧。若赌场允许吸烟，如堪萨斯法律所规定的，赌场的员工会接触到不利于健康的烟雾环境，其中包含致癌物质。这些不健康接触会引发肺癌和心脏病。人们通常会建议使用空调"清除"来自该地区的烟雾，但供暖、通风和空调系统实际上会使烟雾分散到整个建筑物。即使是传统的空气净化系统也不能很好地净化空气，该系统可以去除大颗粒，但烟草烟雾中的较小颗粒或气体将会继续存在。卫生局局长在关于二手烟的报告中指出，正确保护员工的唯一方法是建立无烟的工作场所。

员工危险行为

二手烟并不是让赌场员工受到烟草产品伤害的唯一途径。谢弗发现，39.3%的赌场员工经常吸烟，这一比例远高于普通烟民（29.2%）。在赌场工作也可能降低戒烟的可能性。陈发现，允许吸烟的赌场的员工认为，在工作中接触二手烟时，戒烟会更难。员工们还认为，如果他们在无烟场所工作，他们也许更有可能尽力戒烟。谢弗发现，与普通民众相比，赌场员工的病态赌博率更高，但他们的赌博问题率比普通美国人低。同一项研究发现，在赌场员工中，酗酒、抑郁症和吸烟更常见。

哈尔审查这些文献后发现，新员工更可能受到赌博问题的影响，但会逐渐学会适应赌博。这项研究还发现，在赌场员工中，饮酒率很高，对他们来说在下班后喝酒是一种放松的方式。饮酒会增大赌博行为的风险性，因此饮酒可能会增加赌场员工的赌博行为。赌博也可以作为下班后减压的一种方式，从而导致习惯性赌博。减少赌博成瘾者的备选方案有：提供关于如何处理工作压力的研讨会，为非赌徒创造一个环境，让他们看到赌场顾客赌博成瘾的负面影响以及赌博带来的损失。

政府援助及其福利

大西洋城开创性的示例已经得到研究，以确定赌场对政府援助的影响，并且发现该地区的政府援助案件有所减少，部分原因是赌场雇用了政府援助接受者。一项对104家地上赌场、船上赌场或集团所有的赌场的员工调查发现，8.5%的人表示，他们在赌场工作让他们不能再领取政府援助金；9%的人表示，他们的赌场工作让他们无法得到食品券。有趣的是，瑞典的一项研究表明，成为一个政府援助接受者是导致问题和病态赌博的危险因素。

数据情况

福特县靴山赌场案例

靴山赌场就业

赌场管理者表示，福特县靴山赌场目前雇用了约 300 名员工（相当于 280 名全职人员）（见图 12）。所有这些员工都住在堪萨斯，搬到福特县的赌场工作的不到 20 人。所有全职员工都有资格通过赌场享受医疗保险。

总体就业水平

如图 13 所示，自 2009 年第一期赌场建设以来，福特县的总体就业率比 2008 年高出 2.5 ~ 3.5 个百分点。这相当于，自建设开始以来，平均每年（2009 年、2010 年和 2011 年）就业人数大约多了 480 人。一旦赌场的第二阶段建设完成，这些额外的工作可能会消失，这可能与赌场的发展无关。因此，在堪萨斯中南部的一项赌场研究中，HIA 包括了赌场创造就业乘数的估计数量。

就业乘数是指赌场经济活动增加可能创造间接就业机会（即赌场外的工作）。虽然不同地区通常有不同的就业乘数，但堪萨斯中南部的赌场就业乘数用于估计靴山赌场全职员工的人数（280 人）。根据这些计算，估计在福特县创造了 335 ~ 375 个与赌场相关的直接和间接就业机会。今年在赌场旁边的一家即将开业的酒店可能会带来更多与赌场相关的就业机会。

靴山赌场	
赌场构成	地面上（州管辖）
赌场员工	303 人
赌场员工薪资	N/A *
赌场博彩业总收入	$ 37790000
博彩税收	$ 9480000

续表

税费支出	国债削减、基础设施改善、财产税减免、问题赌博处理
合法化日期	2007 年
首家赌场开业日期	2009 年
州博彩税率	22% 的州税、3% 的地方政府税和 2% 的税用来资助问题赌博处理方式
合法化形式	立法行动，地方选择权表决
客流量	无数据

* 美国博彩协会无法获得堪萨斯的雇员工资数据。

资料来源：美国博彩协会（AGA）。各州的情况：美国博彩协会关于赌场娱乐的调查（2011）。

图 12　福特县道奇城靴山赌场简况（2010）

2010 年是美国唯一州有度假村赌场运营的第一个整年，随着堪萨斯州市场的不断成熟，就业、博彩业和税收收入也逐渐增加。

失业率

尽管福特县的就业水平有所提高，但失业率已从 2008 年的 3% 上升到 2011 年的 4%。在同一时期（2001～2011），该州、克劳福德县和切罗基县的失业率急剧上升，如图 14 所示。然而，2009 年全州失业率急剧上升，但在福特县并不明显。这可能是由于部分赌场建设（始于 2009 年初）创造的就业机会，以及 2009 年 12 月靴山赌场的开业。

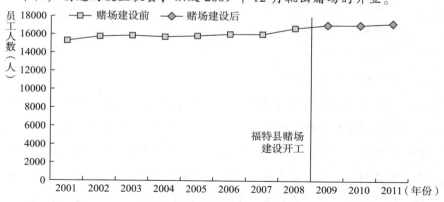

图 13　福特县就业人口总数

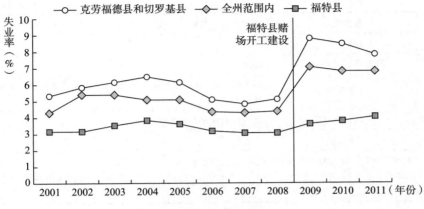

图 14 全州和当地的失业率

健康差距和弱势群体

社会或经济环境可能使一些群体更容易受到赌场的影响。为了分析 HIA 中赌场就业近端影响 （见表 8）， 我们认为弱势群体包括赌场工作人员和以下个人：

- 低收入人群；
- 老年人；
- 年轻人 （学生）；
- 轮班工作者，特别是有子女的人；
- 有药物使用障碍的个人；
- 有精神疾病的个人；
- 未投保的个人。

赛克兹对健康的影响

根据文献回顾以及福特县 （附近没有赌场） 和堪萨斯州东北部博彩区的劳动力市场数据，新增一个赛克兹赌场很可能会使当地就业岗位增加 300~350 个。此外，一旦赌场建设开始，当地总体就业水平预计将有所提高。文献回顾显示，在赛克兹建立一个赌场不太可能导致当地失业率下降，因为就业增长通常会被人口增长所抵消，这意味着更多的就业机会分散到更多的人身上。此外，文献回顾表明，赌场对当地失业率的影响取决于新雇用的雇员从其他地方到此处安置或通勤的距离、当地劳动力市场或人口的其他变化以及其他经济条件对当地劳动力市场的影响。

利益相关者指出，一般而言，赌场可以带来经济效益，包括"对社区的商业支持"和"社区中的就业和财富"。然而，利益相关者对赌场的潜在健康影响在看法上存在分歧。一些利益相关者认为，赌场将增加获得医疗保险的机会，并带来与增加收入相关的健康福利。其他利益相关者最担心的是，如果人们把钱花在赌博而不是必需品上，赌场对家庭财务稳定性会有负面影响。利益相关者还注意到一些可能影响赛克兹赌场实际改善居民健康的因素，例如，赌场是否为雇员及其家属提供医疗保险。

根据文献回顾、数据分析和利益相关者的意见，新的赌场工作可能会增加切罗基县和克劳福德县居民的收入，并为全职员工提供医疗保险。增加收入、获得医疗保险可以增加获得卫生保健服务和健康食品的机会，从而改善赛克兹赌场员工及其家庭的健康状况（如降低死亡率和发病率、提高生活质量和预期寿命、降低身体质量指数）。如前所述，就业、保险和收入与健康有着密切的积极联系。为了实现这些积极的健康影响，必须解决赌场就业的潜在负面影响，如轮班工作和吸入二手烟，它们可能会使发病率和死亡率上升、增大患肺癌和心脏病的风险（见表 8、表 9）。

表 8　赌场就业对弱势人群健康的潜在影响

近端影响	调查的健康因素	调查的健康结果	弱势群体
赌场就业	收入和医疗保险、轮班工作和睡眠障碍、吸入二手烟、危险行为、政府援助	正面：较低的残疾率和疾病率，及时发现和治疗健康问题，减少过早死亡的可能性，改善生活质量，提高预期寿命，降低身体质量指数 负面：发病率和死亡率、肺癌、心脏病、慢性疾病、营养不良、身体质量指数和伤害的风险增大	低收入赌场员工及其家庭；未买保险的赌场工作人员；赌场轮班工作人员，特别是有子女的人；老年人；学生；赌场工作人员（如年轻人、患有精神疾病的人、有药物使用障碍的人）

资料来源：2012 年堪萨斯州 HIA 项目。

表9 赛克兹赌场对健康的影响概要：赌场就业

健康因素或结果	基于文献的预期变化	观察到的堪萨斯州的变化（基于数据）	利益相关者预测	主要基于文献证据				
				预期健康影响	影响程度	影响的可能性	分布	证据质量
赌场就业	上升	上升	上升	混合	低	很可能	赌场员工及其家庭	****
失业率	无变化	无变化	下降	无影响	—	—	无变化	***
医疗保险	上升	无	混合	正面	低	很可能	赌场全职员工及其家庭	****
收入	上升	无	混合	正面	低	很可能	赌场员工及其家庭	****
轮班工作和睡眠障碍	上升	无	无	负面	低	很可能	赌场员工及其家庭	**
吸入二手烟	上升	无	上升	负面	中	很可能	赌场员工及其顾客	****
员工危险行为	上升	无	上升	负面	低	可能	赌场员工	***
政府援助福利	下降	无	混合	负面	低	可能	成为赌场工作人员的政府援助接受者	**

资料来源：2012 年堪萨斯州 HIA 项目。

表9 说明：

基于文献的预期变化	无变化——文献证实该指标很可能保持不变 混合——文献不能证实对该指标有潜在影响 上升——文献证实该指标很可能会上升 下降——文献证实该指标很可能会下降 无——关于该指标没有可用的文献
观察到的堪萨斯州的变化（基于数据）	无变化——数据分析没有显示任何大的变化 混合——来自不同地区的数据分析显示相反的变化 上升——数据分析显示，这一指标很可能会上升 下降——数据分析显示，这一指标很可能会下降 无——数据分析不适用于这个指标
利益相关者预测	无变化——利益相关者没有预料到任何变化 混合——利益相关者意见存在分歧 上升——利益相关者预期会有上升 下降——利益相关者预期会有下降 无——利益相关者未对此发表意见

续表

预期健康影响	正面——可能会改善健康的变化 负面——可能会不利于健康的变化 混合——有正面和负面的变化 不确定——不知道健康会受到怎样的影响 无影响——对健康没有明确的影响 说明：当不同来源的调查结果（数据、文献、利益相关者的意见）不一致时，预期健康影响决定主要基于文献发现，是因为 HIA 团队确定这是最好的可用信息来源。预期健康影响主要根据文献中的调查结果确定，因为 HIA 团队认为它是最佳的可用信息来源
影响程度	低——不影响或影响极少数人（如只影响某些赌场员工） 中——影响更多的人（如赌场员工和出资人） 高——影响许多人（如匹兹堡市）
影响的可能性	很可能——该提议的结果很可能产生影响 可能——该提议的结果可能产生影响 不太可能——该提议的结果不太可能产生影响 不确定——该提议是否会产生影响尚不确定
分布	最有可能受到健康因素或结果变化影响的人群。根据文献回顾、数据分析和专家意见确定 无变化——没有预料到任何变化
证据质量	**** 超过五项重要的研究。还可以包括数据分析和专家意见 *** 五项或更多一般研究。还可以包括数据分析和专家意见 ** 五项不足的研究。还可以包括数据分析和专家意见 * 少于五项研究

样品评估部分 2

以下摘录来自旧金山公共卫生部门的一份报告《加利福尼亚州议会第 889 号法案 HIA：2011 年加利福尼亚州家政工人平等、公平和尊严法案》。

这段摘录介绍了 HIA 对不间断睡眠需求健康影响的分析。

7. 不间断睡眠需求的提出对健康的影响

2011 年《加利福尼亚州家政工人平等、公平和尊严法案》规定，如果员工在雇主的家中工作 24 小时或更长的时间，雇主要允许他们的雇员在睡眠充足的条件下保证八小时不间断睡眠。通过利用图 3 所示的评估逻辑模型，本章分析了该提议的法律要求将如何影响加利福尼亚州家政工人和受照顾者的健康。

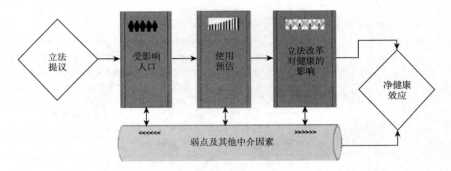

图 3　睡眠要求对家政工人健康影响的逻辑模型

该分析与逻辑模型一致，回答了以下问题：

7.1 睡眠受限或睡眠受损已知的健康影响是什么？

7.2 什么能显示家政工人有充足的睡眠？

7.3 哪类家政工人会受睡眠需求变化的影响？

7.4 该法案会如何改变家政工人的睡眠时长或质量？

7.5 该法案将如何影响受照顾者？

7.6 由于睡眠需求法律上的变更，健康影响的可能性、确定性和重要性是什么？

7.7 哪些障碍、弱点或其他不确定因素可以改变法律对健康的影响？

框 4　AB 899 睡眠规定

1455. （a）被要求连续工作 24 小时或以上的家政工人，除紧急情况外，应至少不间断睡觉 8 小时。（b）……有真实意愿要减少定期睡眠时间可以书面同意……（c）……不连续睡觉 8 小时……如果雇主在 24 小时的工作时间内没有雇用一个连续睡觉至少 8 小时的工人……（d）……违反本规定的雇主，每天应为其行为支付 50 美元。

> 1456. （a）不要求连续工作 24 个小时及以上的家政工人，一天 24 小时工作日中至少有 12 个小时休息时间，其中最少连续 8 小时是睡眠时间。家庭劳动者在连续 12 个小时不工作时间内工作的，应当予以赔偿……（b）除紧急情况外，不得要求住家家政工人在一周工作超过 5 天，不得连续工作 24 小时。如果每周工作超过 5 天，应当给予补偿……（c）……违反本规定的雇主，每天应支付 50 美元。
>
> 1457. 工作 24 小时或更长时间的住家家政工人和普通家政工人应当按照常规标准，有充分、体面、卫生的住宿条件，无须共用一张床。

7.1　睡眠受限或睡眠受损已知的健康影响是什么？

睡眠对健康至关重要。科学家们普遍认为睡眠具有多种生理功能。研究人员仍在努力了解睡眠的复杂功能。然而，有明确的证据表明，睡眠在人体心血管、呼吸、神经、内分泌和免疫系统的正常功能中起着至关重要的作用。睡眠的恢复或"维持生命"的功能使内分泌和免疫系统的健康功能得以发挥。睡眠的认知功能可以促进大脑健康发育，以及一生中最优的学习和记忆能力（Frank，2005；Harvard DSM and Walker，2009）。

健康需要每天有规律、充足的睡眠。昼夜节律是身体的自然生理现象和行为周期。昼夜节律可以调节体温、心率、肌肉张力和每日荷尔蒙分泌，调节身体活动和食物消耗，控制睡眠与清醒周期。睡眠习惯与昼夜节律保持一致可以降低心血管疾病、糖尿病和肥胖的发病率，可以提高认知功能，降低抑郁和焦虑风险，降低受伤和免疫受损的概率（Ulmer，2009；Frank，2006）。与清醒状态相比，在睡眠过程中，大脑活动、心率、血压和呼吸等生理过程的作用机制不同。这些差异也受到睡眠类型的影响，即非快速眼动睡眠和快速眼动睡眠（Colten，2006）。

　　基础睡眠需求是指身体需要有规律的睡眠量，以达到最佳的睡眠效果。睡眠需求因人而异。然而，公共健康数据表明，最佳的夜间平均睡眠时间为 7 或 8 个小时（Colten，2006；Lee-Chiong，2006；Pandi-Peramal，2007）。

　　基础睡眠不足会导致困倦和疲劳。疲劳指的是疲惫的身体状态，表现为嗜睡、乏力、疲倦、力量减少和注意力集中困难等症状。困倦和疲劳会导致身体功能性损害，如反应变慢、警觉性降低和信息处理出现缺陷，这不仅会对个体劳动者产生影响，而且对雇主和更广泛的社会层面也有影响（U.S.DOT，1998）。剂量反应研究已经证实，平均睡眠时间与健康结果之间存在关系，该结果包括高血压、糖尿病、肥胖、精神健康问题和死亡率的风险（Gangwisch，2006；Di Milia，2009；Hall，2008；Ayas，2003a；Ayas，2003b；Geiger-Brown，2004）。

　　在正常的睡眠—觉醒周期中，在清醒一段时间之后，身体通常会发出睡眠的信号。然而，在清醒 16～18 小时后，大脑的昼夜节律系统不再对抗需要睡眠的生理压力。因此，当一个人保持 16 个小时清醒或进入他们的习惯性睡眠期时，严重的睡眠不足就开始了。这导致了困倦、疲劳、记忆力和注意力缺失，以及认知和运动能力下降（Ulmer，2009；Colten，2006）。睡眠负债是累积的睡眠剥夺。

　　认识睡眠和健康的关系，为某些职业类型确定了最低睡眠要求和休息标准。最常见的是，颁布这些规定是为了保护公众健康和安全，而不仅是为了保护工人的健康。附录 B 总结了美国几种不同类型的工人的睡眠标准。

　　如图 4 所示，以下章节总结了睡眠对健康的近端和远端影响的实证。我们能够确定以下健康端点的系统审查或元分析：死亡率（Cappuccio，2010；Gallicchio，2009）、肥胖（Patel，2008；Cappuccio，2008），以及心血管疾病（Cappuccio，2011）。对于其他健康端点，文献综述的规程在方法论的章节中进行了描述。

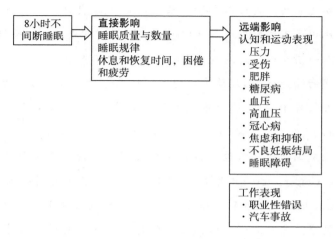

图 4　8 小时不间断睡眠对健康的影响

框 5　轮班工作对健康的影响

对轮班工作的研究提供了与睡眠对健康的潜在影响相关的实证。轮班工作被定义为一个时间周期，在这个周期中，至少有一半的员工需要在下午 4~8 点工作（Shen，2006）。轮班工作被定义为雇员在白天、晚上和夜班之间轮流工作的时间表（Kawachi，1995）。上夜班的人比白天轮班的人睡眠不足或质量差的可能性更大（Akerstedt，2003；Ohanyon，2010）。

对不同行业的轮班工作者——如制造人员、长途驾驶员、护士、医护实习生、疗养院护理人员和其他卫生保健工作者——进行的横断面研究，提供了与睡眠不足影响认知和运动能力相关的实证。在对 405 名轮班工人的研究中，Shen 等人（2005）发现轮班工作频率与疲劳之间有显著的相关性，工人们也报告了疲劳在他们日常生活中的影响程度。每周从事三天或以上轮班工作的工人的疲劳程度最高，常见的抱怨包括易怒、难以集中注意力和缺乏精力从事其他活动。

研究表明，轮班工作者患肥胖症的风险更大，平均身体质量指数也比白天工作的工人高（Eberly，2010）。在瑞典，一项针对27485名工人的横断面研究发现，与白天工作的工人相比，夜间工作的女性患代谢综合征①的风险有所增大。与工作时间正常的妇女相比，轮班妇女三个代谢变量的检测呈阳性的相对风险为1.71（Karlsson，2001）。

轮班工作会对心理健康产生重大影响，特别是对当护工的妇女而言。Geiger-Brown及其同事（2004）研究了在美国疗养院工作的473名女性护理助理的工作内容，以了解时间表要求如何影响工人的心理健康。每月两班及以上的工作与所有研究的精神健康指标的风险增加有关。两班倒的工人患抑郁症的风险增加了三倍，焦虑风险增加了75%。此外，有多个时间段工作要求的护理助理患抑郁症的概率要高出4倍，如：每周工作50小时以上，一个月工作超过两个周末，每月工作两班以上。

轮班工作，特别是夜班工作，增加了医护人员受伤的风险和严重程度。Horwitz等人（2004）对俄勒冈州医院雇员1990～1997年提出的工人赔偿要求进行了横断面分析。日班工作者的受伤率为每万人176人，晚班为324人，夜班为279人。夜班工人的受伤总体更为严重，夜班工人因受伤致残而平均休假46天，晚班工人为39天，白班工人为38天。

在一项具有前瞻性的全国性调查中，Barger等人（2005）发现，86.5%在医院延长轮班工作时间的居民在24小时或更长的工作时间内睡眠时间不超过4小时。调查发现，与没有延长轮班工作时间的居

---

① 代谢综合征是指一组冠心病和2型糖尿病的代谢危险因素。代谢危险因素包括异常肥胖、高甘油三酯、低浓度的高密度脂蛋白胆固醇、高血压和葡萄糖耐受不良（AHA，2010）。

民相比，在长时间倒班后车祸报告的概率上升了 2.3 个百分点，而发生事故的概率上升了 5.9 个百分点。一个月内每延长一次工作时间，每月通勤期间发生车祸的风险就会增加 16.2%。

框 6 长工时对健康的影响

下图呈现了研究长工时带来的不良影响的框架。这个图是由国家职业研究议程长工时小组创建的，以支持未来对长工时影响健康的研究。该小组包括来自工业、劳工和政府部门的专家，并进行了广泛的文献审查，在一次关于长工作时间的会议上收集与会者的意见，从而制定了下文所示的框架。

与下面的睡眠部分相似，长工时小组发现长时间工作可以影响：（1）工人损伤、疾病、生活质量和收入能力；（2）关系、收入、员工家属的工作负担和受照顾者；（3）工人的生产力、护理质量和损伤费用；（4）从更广泛的角度看，普通社区可能会有事故、工作失误、职业损伤和疾病花费。研究人员发现，长工时会导致睡眠减少/紊乱，疲劳，压力，消极情绪，不适，疼痛，以及神经、认知和生理功能障碍。这些影响可能是由于工人的脆弱性、工作特点，以及各种社会和个人层面的因素的影响。这一研究框架和议程有助于形成对家政工人的研究，以及睡眠和休息需求对工人和护理质量的影响。

欲了解更多有关国家职业研究议程长工时报告及其他工作时间表对健康影响的资料，请访问 http://www.cdc.gov/niosh/topics/work-schedules。

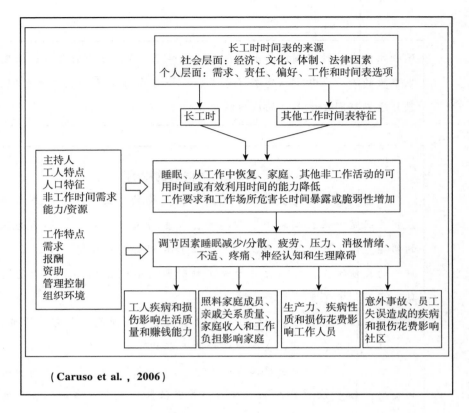

（Caruso et al. , 2006）

7.1.1 睡眠与寿命

大量的横断面和前瞻性研究表明，与每晚睡 7 ~ 8 小时的人相比，每晚睡 5 小时或更少的人的死亡率上升 10 ~ 15 个百分点（Gallicchio，2009；Kripke，2002；Patel，2004；Tamakoshi，2004；Ferrie，2007）。一项对 16 种研究的元分析（27 个队列样本，140 万名参与者）发现，短睡眠时间（睡眠少于 5 或 7 小时）的人比每晚睡 7 或 8 小时的人增加了 12% 的死亡风险（Cappuccio，2010）。

Cappuccio 及其同事发现，短时间睡眠导致发病率上升的原因与代谢综合征和压力（增加皮质醇①分泌和炎症）有关。与那些每晚睡 7 或

---

① 通常被称为 "应激激素"，唾液中的皮质醇多用作压力的生理测量。虽然皮质醇可以在不利时刻促使更快的反应（例如 "战斗或逃跑反应"），但是长期存在会损害健康。

8 小时的人相比，每晚睡眠时间超过 8 或 9 小时也会增大死亡风险，然而这种机制尚不清楚，作者认为混淆和共同患病因素可能影响了风险。Kripke 等人（2002）发现了平均睡眠时间与死亡率之间有反应关系的证据（见图 5）。Ferrie 和他的同事们（2007）利用英国公务员的白厅 Ⅱ 队列发现，在控制了相关的危险因素后，3 ~ 5 年内睡眠时间的减少与心血管疾病死亡风险有超过 10% 的相关性。

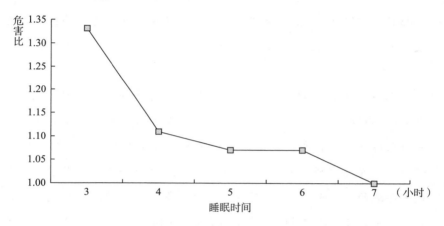

图 5　美国女性的睡眠时间与死亡率

资料来源：Kripke 等人（2002）。

7.1.2　睡眠与慢性疾病

研究表明，睡眠不足会增加患肥胖、高血压和冠心病的风险（Isomaa，2001；Lakka，2002；Knutson，2007；Cappuccio，2008；Patel，2008；Gottlieb，2006）。

高血压

对全国健康和营养检查调查的 4810 名参与者进行的纵向分析发现，若每晚睡眠时间少于 5 小时，32 ~ 59 岁人群患高血压的风险显著增加，相比于那些每晚睡 8 小时的人来说患病风险高出两倍（Gangwisch，2006）。

心脏病

对 1997 ~ 2009 年发表的文章进行系统回顾和元分析发现，在 15 项研究中（24组样本，474684名参与者），睡眠时间短（不足5或7小时）与得冠心病或死于冠心病（相对风险=1.48）和中风（相对风险=1.15）的风险增加有关（Cappuccio，2011）。一项针对美国护士的大规模前瞻性研究发现，睡眠时间短对冠心病有显著影响。与平均每天有8小时睡眠的护士组相比，睡眠6小时的护士患冠状动脉疾病的相对风险为1.30，而睡眠时间少于5小时的护士的相对风险为1.82（Ayas，2003b）。该研究还发现，每晚睡觉少于5小时的护士患糖尿病的风险增大（相对风险=1.57）（Ayas，2003a）。

肥胖

Patel和Hu（2008）对1966～2007年发表的关于睡眠时间短与体重增长的关系的手稿进行了系统回顾，发现短睡眠时间与儿童并发和在未来患肥胖症之间存在明显而强烈的联系。在成年人中，23项研究中有17项研究发现睡眠时间短与体重增加之间存在独立关联。尽管这种联系随着年龄的增长而减弱，3项纵向研究也发现睡眠时间短与成年人未来体重增加之间存在正相关。Cappuccio及其同事（2008）进行了一次元分析，关于睡眠时间短与不同年龄肥胖之间的关系。他们发现，儿童的综合优势比为1.89（95%可信区间：1.46～2.43；P<0.0001），成人为1.55（95%可信区间：1.43～1.68；P<0.0001），这表明睡眠时间短会持续增加儿童和成人的肥胖风险。然而，他们指出，由于对重要的联合创始人缺乏控制，以及前瞻性研究中时间序列的不一致现象，得出任何明确的结论都很困难。

睡眠时间不足也与代谢综合征的风险增加有关（Karlsson，1999）。DiMilia等人（2009）对煤炭行业的346名轮班和日间工人进行了横断面调查，发现长工时（优势比=2.82）、年龄（优势比=2.05）和睡眠时间短（优势比=1.92）是肥胖最重要的预测指标。宾夕法尼亚州一项针对中年人的研究发现了与睡眠时间短有关的代谢综合征风险增加的类似结果（Hall，2008）。

7.1.3　睡眠、压力与心理健康

睡眠剥夺研究表明，健康志愿者的睡眠时间缩短与应激健康效应有关，如血压升高和皮质醇分泌增加（Ulmer, 2009；Colten, 2006；Lee-Chiong, 2006；Pandi-Perumal, 2007）。随着时间的推移，慢性应激通过对神经内分泌、血管、免疫和炎症机制的影响，对成人和儿童的健康产生负面影响。具体来说，慢性压力会加速衰老，增加患心脏病、糖尿病、抑郁、焦虑、中风等疾病的风险（McEwen, 1998；Harvard CDC, 2007；Bauer, 2004；Hertzman, 2003）。

研究表明，睡眠时间缩短与抑郁、愤怒、沮丧、紧张和焦虑的加剧有关（Green, 2007；Sagaspe, 2006；Babson, 2010）。缺乏充足的睡眠会导致对不良经历的负面反应的放大，以及延缓对愉快事件的积极反应（Zohar, 2005）。对不良经历的负面反应可能会对护理以及护理提供者向护理接受者提供同情和积极护理的能力产生负面影响。

7.1.4　认知和运动表现

实验研究表明，睡眠剥夺对认知和运动表现有显著影响。认知和运动表现的失误在护理设置中特别引人注目，因为这些表现失误会导致错误、降低护理质量（Ulmer, 2009；Estabrooks, 2009；Surani, 2008）。实验研究还表明，每晚少于 5 小时睡眠时间的人都会出现急性嗜睡和疲劳，这在短期内表现为认知能力和运动能力的下降（Belensky, 2003；Dongen, 2003）。

对 1971～2005 年发表的 60 项研究进行了回顾和元分析，其参与者包括 959 名医生和 1028 名非内科医生，发现睡眠剥夺会影响对人类表现的测量，包括他们的认知功能、警惕性、良好的运动技能和情绪。在集合分析中，睡眠剥夺使认知能力降低了近一个标准差（−0.951）。元分析还显示了对临床表现、记忆和警惕性的显著影响。作者还指出了睡眠剥夺的几个方面（关于其表现还未研究）：长期的部分睡眠剥夺、工作任务的持续时间、节奏和任务的复杂性（Philbert, 2005）。

另外一个对 19 项研究的回顾和元分析发现："睡眠剥夺严重损害人

类在认知表现、运动表现和情绪方面的功能。" 在集合分析中， 睡眠剥夺使认知能力下降了 1.37 个标准差。 作者发现情绪受睡眠剥夺的影响最大， 其次是认知表现和运动表现。 部分睡眠剥夺具有强烈的整体效应， 这表明了昼夜节律在日常情绪和功能中的重要性 （Pilcher， 1996）。

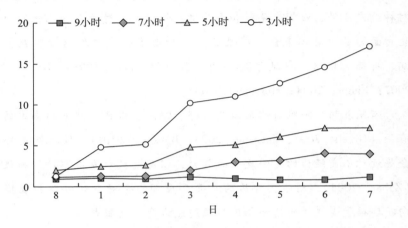

图6　反复睡眠限制后的累积认知障碍

　　图 6 阐明了睡眠限制与累积认知障碍之间的剂量反应关系。Belenky 等人 （2003） 研究了累积睡眠不足对个人能力的影响， 如发现和应对环境中的刺激 （一种光）， 并保持注意力。 睡 7 小时和 9 小时的人要比睡 3 小时的人表现好很多， 而在几天的累积睡眠剥夺中， 表现差距扩大了。7 天后， 每晚睡 7 小时的人平均表现差 1/3， 而每晚睡 3 小时的人则是前者的 1/3。

7.1.5　工作失误与伤害

　　认知能力受损的间接影响是错误的可能性增加、 表现下降， 这可能会对护理质量产生负面影响。 困倦或疲劳的护理人员在与雇主的关系中可能会更有压力， 更有可能在问题解决或注重细节的任务上遇到困难， 更容易发生家庭或机动车事故 （McCurry， 2007）。 一项为期一年的随机干预研究对住院医师进行了比较。 他们比较了传统 24 小时轮班制住院医师和受干预不延长轮班时间的住院医师的医疗失误。 在参与干预计划的医师中， 严重的医疗失误减少了 36%， 体能检查 （对病人伤害的测量）失误率下降了 27 个百分点（Ulmer，2009）。美国医学协会评价了这项研究，得出结论：医疗失误的改善和减少主要归因于干预，而不是任何其他复杂因素。大多数关于轮班时间对病人护理影响的研究比较了 8 小时和 12 小时的轮班，并显示出显著的差异，因为在 12 小时轮班的护士中有更多的错误和事故（Estabrooks，2009）。这些研究表明，睡眠不足可能会增加工作失误的可能性，从而导致家政工人、护理接受者或两者都遭受损失。

7.1.6　交通事故

据报道，在美国，每年有超过 10 万次的撞车事故是由疲劳驾驶引起的。据交通运输部的声明，人们普遍认为，作为撞车的原因，疲劳驾驶被低估了。美国国家公路交通安全局的一项研究中对 100 名司机志愿者进行了为期 13 个月的随机抽样调查，结果发现，疲倦是 20% 撞车事故发生的原因之一（Klauer，2006）。对驾驶员嗜睡的影响进行流行病学研究的系统回顾发现，当司机睡眠不足 5 小时或在清晨开车时，风险显著增加。轮班工人累积的睡眠不足也加大了嗜睡的程度。笔者估计高收入国家机动车事故的 15% ~20% 归因于驾驶员嗜睡（Connor，2009）。

最近的研究表明，长期轮班的卫生医护人员在开车时入睡和发生车祸的风险显著增加。一项对 2737 名医务人员进行的研究发现，在延长工作时间（24 小时）后，记录在案的机动车碰撞发生的可能性是非延长轮班后的两倍多。根据医疗居民的报告，在长时间轮班工作后，与机动车辆相撞的概率要高出四倍多（Barger，2005）。同一项研究发现，一个月内每延长一次工作轮班制，发生机动车撞车的风险就会增加 9.1%。研究还发现，如果居民在一个月内轮班时间增加五次或以上，他们在开车时睡着的风险会显著降低（优势比 =2.39）或在交通堵塞时睡着的风险会显著降低（优势比 =3.69）（Barger，2005）。

同样，一项对 895 名医院护士进行的研究发现，2/3 的护士在回家途中一个月内至少有一次疲劳驾驶。当护士在 12 小时内轮班工作时，疲劳驾驶的风险增加了一倍。该研究还发现，16% 的护士报告发生了机动车事故或近机动车事故，其中 60% 的事故发生在超过 12 小时的轮班时间之后（Scott，2007）。这些研究表明，与驾驶和机动车事故有关的风险与驾驶相关专业不相关。长时间轮班工作的健康保健和护理专业人员在开车时入睡和发生车祸的风险增加，这使他们的睡眠不足成为所有机动车出行者的公共健康问题。

Stutts 等人（1999）和美国汽车协会交通安全基金会发现，平均睡眠时间和与睡眠有关的撞车的可能性之间存在剂量反应关系。睡 5 小时的司机的撞车风险是睡少于 5 小时的司机的一半，是睡 8 小时的司机的两倍（见图 7）。交通事故的风险导致了对某些职业的工作限制，包括飞行员、卡车司机和铁路售票员。

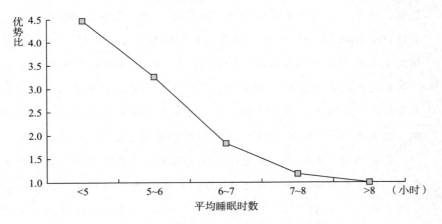

图 7　睡眠不足的驾驶员导致车祸的风险

资料来源：Stutts 等人（1999）。

7.2　家政工人充足睡眠的依据是什么？

到目前为止，还没有通过其他调查或研究方法来列举患有睡眠障碍的家政工人的数量和平均睡眠时间。然而，我们有理由认为，工作环境导致了一些家政工人的睡眠不足。为儿童、老年人、病人或残疾成年人提供照料的家政工人中，有一部分人通常在显然需要睡眠的时候提供夜间护理。患有痴呆症或严重慢性疾病的人需要夜间护理（McCurry，1999，2007；Carter，2000）。过去 15 年开展的研究发现，在照顾痴呆症患者的家政人员中，2/3 有睡眠障碍，其中 80% 的人每周有一次以上的睡眠不足（Wilcox，1999；McCurry，1995）。

其他家政工人 24 小时轮班工作，或者住在其雇主家里。这些工人通常需在晚上和白天都工作，这取决于雇主和受照顾者的需要。这可能会导致睡眠时间的不规则和混乱，这也可能是导致失眠等睡眠紊乱的原因之一，从而进一步阻碍了不间断睡眠（Schulz，2004；McCurry，2009）。

7.3　哪些家政工人会受到睡眠需求变化的影响？

拟议的睡眠保护法案只会影响加利福尼亚州家政工人的一小部分——居住在家中的工人或那些 24 小时或更长时间与一家雇主一起工作的人。私人服务员以及个人和家庭护理助理是最有可能受到这一规定影响的家政工人，因为他们经常提供长时间的连续护理。儿童保育员，特别是住在家中的保姆，也会受到影响。管家和女佣可能会受到影响，但预计大多数与清洁有关的家务工作都是由住在雇主家外的家政工人承担的。根据我们的估计，加利福尼亚州 43% 的家政工人被归类为个人和家庭护理助理或儿童保育工作者。然而，尚不清楚这些工人中有多少工作 24 小时或更长时间，或住在雇主家中。

正如第 6 节所述，根据长期护理接受者的预测，在未来几十年里，对 24 小时护理的需求将继续增加，他们宁愿在家中接受护理，也不愿进入长期护理机构。一些受照顾者不需要昼夜护理，但一些患有痴呆症、慢性病或残疾的人一天 24 小时都需要可以联系的人（Smith，2009；U. S. DHHS，2003；CAEDD，2010），这将显著增加受拟议的 AB 889 立法影响的个人数量。

正如之前所写，AB 889 允许家政工人及其雇主签署一份真正的双方商定的书面协议，放弃法律的睡眠要求。这一规定在工人和雇主双方同意的情况下，将允许某些法律例外。然而，其前提是住家家政工人和 24 小时接受照顾的雇主必须遵守这项规定。

7.4 该法案会如何改变家政工人的睡眠时长或质量？

AB 889 睡眠规定要求家政工人雇主提供：（1）至少连续 8 小时的睡眠时间；（2）为连续 24 小时或更长时间工作的家政工人提供充足、体面和卫生的睡眠场所。这项规则既适用于住家家政工人，也适用于私人服务员。

根据法律规定，居住在雇主家中的家政工人和工作 24 小时或更长时间的家政工人的睡眠条件将得到改善。具体来说，家政工人应该能够在一个适合睡觉的地方至少休息 8 小时而不受干扰。

7.5 该法案将如何影响受照顾者？

家政工人雇主的护理需求各不相同。例如，主要提供家政服务的住家家政工人的雇主可能已经提出了很少的夜间照顾需求，或者更容易满足睡眠要求。在这些情况下，这项规定不太可能影响受照顾者。

如果 24 小时护理是必不可少的，例如对一些残疾人来说，AB 889 睡眠规定可能导致雇主需要雇用更多的员工。然而，工作总时数和雇主费用不应改变，因为雇主目前必须支付所有工作时间的报酬，或者雇主可以选择在家政工人睡觉的 8 小时内放弃照护，或由家庭成员提供照料。由于这些原因，无法判断护理质量是否会改变。

如上所述，AB 889 睡眠规定可能通过减少睡眠剥夺和避免认知运动功能受损，间接改善护理接受者的护理质量。有规律的睡眠将：（1）减少工作失误和事故发生的可能性，这些可能会对接受者产生负面影响；（2）护理人员可以更好地休息，也可以更加健康和更专注于工作。

目前，私人服务员被排除在加班法、膳食和休息规定要求之外。AB 889 的其他规定，包括加班费和带薪病假，可能会影响 24 小时护理的费用。然而，这些规定并不是 HIA 的主题。

7.6 睡眠要求的立法变更对健康的影响的可能性、确定性和严重程度是什么？

总之，根据现有实证、对家政工人群体及其社会经济和与工作相关的脆弱性的了解，我们预测，制定家政工人的睡眠要求法案将保护加利福尼亚州大量且不断增长的家政工人群体的健康。

表12提供了对健康影响的可能性、强度、程度以及与现有证据限度有关的不确定性的简易判断。由于缺乏关于下列因素的数据，无法对与睡眠有关的健康影响程度做出定量估计：

- 在24小时或更长时间内工作的家政工人或住家佣工的数量；
- 受法律影响的家政工人睡眠时间的当前分配情况。

表 12 健康睡眠保护预期影响的总结评估

健康成果	可能性	强度/严重性	受影响方			量级	与有限实证相关的不确定因素
			DW	CR	GP		
死亡率	▲▲▲	高	+			小	关于睡眠对健康的影响的研究并不针对家庭工作人群； 受影响人群当前健康模式的有限信息； 受影响家庭工作人群的基线健康情况； 保护措施使用数据
慢性病及肥胖	▲▲	中	+			小－中	
压力及精神健康	▲▲	中	+	?		小－中	
认知及动态表现	▲▲	中		+		中	
失误及损害	▲▲▲	高	+	+		中	
交通事故	▲▲▲	高	+	+	+	未知	

说明：

- 可能性是指表示睡眠和健康成果之间的因果关系的研究或实证的程度：▲＝有限实证，▲▲＝有限而持续的实证，▲▲▲＝已建立的因果关系。一个因果效应即表示这种影响可能发生，与量级或严重性无关。
- 强度/严重性反映了影响的性质，包括其对功能、持续周期和耐久性的影响（高＝非常严重/强烈，中＝中等）。
- 受影响方是指那些会受到与睡眠要求相关的健康成果影响的人群。DW＝家庭工作者，CR＝保健接受者，GP＝一般人群。
- 量级反映了对所预测的健康影响变化范围的定性评判（比如，疾病、损害及不良反应案例数量的减少）。

样品评估部分3

以下摘录选自澳大利亚医生协会和卫生公平培训、研究和评价中心、南威尔士大学报告《北部地区应急行动健康影响评估》（2010）。

该摘录介绍了 HIA 对住房与健康的分析。

住房

表5　住房：来自社区、利益相关者和专家审阅者的实证摘要

	正面影响				负面影响			
	实证来源				实证来源			
	社区访问	关键利益相关者	专家评审	其他	社区访问	关键利益相关者	专家评审	其他
政府在住房建设和住房维修方面的重大投资	√	√		√				
社区成员的潜在就业——住房维护和建设	√	√						
不承认土地权利和住房紧密联系在一起					√			
新住房建设和维护组织不力					√	√		
持续的过度拥挤					√	√		
社区参与决策和设计的人数很少					√	√		
处理水和废物基本问题的进展缓慢					√	√		

背景

对当地居民来说，健康和对国家的依恋关系是密不可分的。土地与

土著身份、信仰和权利有关。土地权是土著居民住房问题的核心。生活在殖民时期被占领的土地上的土著居民一直在为争取政府承认土著澳大利亚人的土地权而进行斗争。

因此，在提供文化上可以接受的有利于健康的品质或标准住房问题上，没有统一的国家或州/地区战略，因为政府不愿意投资它们（政府）无法控制的土著土地上的基础设施和建筑。

其结果是土著社区住房和其他公共基础设施严重不足。《上帝的小孩》报告中发现，北部地区偏远区域和城市社区的土著居民住房严重短缺，令人失望。需要特别注意的是，住房数量不足会导致过度拥挤；社区内的房屋过于密集，维修不善。家庭和社区几乎没有机会设计满足其需要的住房，在建设和维护住房（和其他公共基础设施）的能力方面，对地方劳动力的投资有限。

拥有对土地和住房的所有权和控制权对人心理和身体健康有积极影响。土著身份与土地、文化习俗、权力和社会控制系统、学术传统、精神观念、资源所有权和交换机制有关。失去对土地的控制，缺乏与非土著澳大利亚人的接触，以及由此导致的无力，对健康造成了严重的负面影响。

此外，住房质量与健康之间有着密切的关系。过度拥挤，缺乏安全饮用水、电力、充足的食品准备和储存区、洗涤设施、足够的废物处理设施等基本卫生硬件，导致土著儿童和社区的健康状况不佳。过度拥挤和低质量的住房条件增加了传染病、家庭暴力、性暴力和药物滥用发生的可能性。这产生了"连锁效应"，包括限制儿童的受教育权、出现疲劳情况和清洁工作不到位，这对就业前景造成了破坏性影响，并加剧了在主流社会层面的混乱和边缘化。

土地所有权的目的是提供一个平台，支持新的住房存量，改善和维护现有住房。NTER 立法中包括的措施是：

- 通过五年租约收购乡镇；
- 土地补偿；

● 建造新的住房，增加存量和维修现有住房；

● 对基础设施和社区清理设施进行紧急修理；

● 在规定的社区为 45 名政府业务经理以及新警察和教师建造更多的住房。

评估

正面影响

对住房的主要积极影响与各国政府承诺对住房进行的大量投资以及住房维修数量增加有关。

"有人承诺要买房子，这是很好的。我的意思是，现在需要建造 4000 套住宅。他们已经指定了它的用途。"——非原住民高级官员

负面影响

多数社区对干预中承诺的住房措施的反应是重申干预承诺要解决的是严重的、预先存在的住房问题。虽然人们对将租约转让给澳大利亚政府有严重担忧，但许多人对努力提供他们所需住房的想法表示欢迎。然而，12 个月后，干预措施似乎使那些希望并期望更快采取行动的人失望了，特别是在改善维修方面。

有人还对建造住房的优先事项表示关切，因为新的住房大多分配给企业管理人员、警察和卫生工作人员，这样就不会对住房质量和社区家庭过度拥挤产生影响。还有一种看法是，如果你住在离现有基础设施很近的地方，你就会得到更大的优先权，并且能够就项目的实施方式进行更灵活的安排。

"不得不说，在众多土著事务中，住房一定是最腐败、最让人感到无能为力的一方面。看着那些造价为 10 万美元的房屋，其成本从四五美元到 60 万美元，我们知道这完全是无稽之谈，事实不会是这样，这些房屋很多也撑不了几年。我们必须看看房屋的类型、使用的材料，看看我们如何降低成本，因为这种情况很奇怪。你不能告诉我，就因为它地处偏远，或者是在农村地区，就将花费这么多的钱来建造那种类型的

住房。"——原住民领袖

"干预人员会在会议后开会，人们也会说同样的事。我们想要更好的住房，我们希望改善住房。存在10年或20年的为危房，议会的提议很好，只要你推平了这些房子。那这20个人住在哪栋房子里呢？这种干预已经开始了。他们拍了视频，采访了一些人，他们一直在这些房子里，但什么也没有改变。一年下来，人们仍然生活在同一个被宣告无法居住的房子里。"——原住社区成员

"他们把120个垃圾桶、带轮子的垃圾箱送到了一个偏远的社区。他们把带铁链的保持架寄出，但当他们把垃圾桶拿出来时，他们有120个垃圾桶，但只有20套轮子。所以他们放了20个垃圾桶，剩下的就放在那里。没有垃圾服务……垃圾仍被猪和狗翻寻。"——原住社区成员

过度拥挤和较差的住房条件影响到社区中的每一个人，包括本地卫生工作者。

"我家里连孩子一起有15个人。我和我的父母住在一起，这是一间有四个卧室的房子。每周共支付400~500美元的租金，因为每间屋子的租金是50美元，包含电费在内。"——土著社区成员

对许多人来说，拟议的建筑方案让土著居民在设计、建造和维护住房及相关健康硬件方面错失了很多就业和培训机会。

"让这些白人工人进来建造房屋然后离开，而不是让本地人得到这样的机会，如此一来，这个社区的50、60或100个原住民无事可做，只能坐着看他们建房子。"——非原住民医生

有的人对社区可参与方式有着大胆的长远设想。

"……学习如何修理房屋和管道及其工作原理……可以设立维修中心，在那里进行一定的培训，建立特定的学徒制和工资制度。"——当地卫生工作者

"社区和利益相关者表示出更广泛的关切，房屋长期维护取决于所有权和住房的适当性。"——非当地高层官员

"政府的问题是，他们要投资住房，大力投资住房。投资住房是好

的，但如果你们造的房子不合适，而且允许承包商主导建房和交付基础设施的过程，没有本地人适当监督这些过程，那么我们就会重蹈覆辙……建筑房屋是必需的，但如何做好房屋内部装修以及安置好住在房子里的人也很重要。更确切地说，房子是一个庇护空间，而不是一个解决严重社会问题的临时庇护所。"——当地学者

概述

澳大利亚政府承诺投资新住房，并改造和改善现有住房，这可能对土著儿童及其家庭的健康产生非常积极的影响。减少过度拥挤、改善卫生硬件、改善供水和其他基本服务（如电力、废物处理）将在短期和长期内对健康产生显著的积极影响。本地社区参与住房的设计、建造和维护将增加房屋适住可能性，增加所有权将延长优质住房存量的寿命。

然而，推迟提供新的或改善性住房将对社区的心理健康和社会功能产生不利影响。对政府日益增长的不信任感、幻灭感和对希望破灭的无能为力，反过来也会对家庭和社区的心理健康和社会凝聚力产生负面影响。

表 6　住房：预测健康影响概述

健康方面	正面健康影响	负面健康影响
身体健康	减少过度拥挤，使急性和慢性疾病减少； 改善供水和废物处理情况，使急性疾病减少	对废物处理的改进有限
心理健康	有可能缓解因过度拥挤和住房不足而带来的压力	缺乏对政府的信任，如干预人员住房建设； 缺乏对决策的控制，如不参与新住房的选址、分配、设计和建造的决策； 与长时间等待改善住房相关的压力增加

续表

健康方面	正面健康影响	负面健康影响
社会卫生和福利	建设和获得新住房； 对现有住房的改善； 初始社区清理； 增加就业机会； 增加教育和培训机会，包括培训和学徒制	
精神		在制定和实施住房政策和方案时，缺乏对当地人观点和需求的认可； 政府缺乏信任，不承认住房与当地人之间的联系
文化完整性		干预社区土地所有权的损失控制

建议

● 当地社区积极参与新住房的设计、修建、分配和选址的决定。

● 向当地社区提供教育、培训和资源，使他们能够对所有现有和未来的住房进行系统的维护和检修。

● 直至 2018 年优先向社区成员提供新的和翻新的住房。

● 满足《国家偏远土著住房伙伴关系协定》中的基本要求。

监督目标

一年内

● 将当地就业人数的 20% 作为购买要求纳入新住房（根据《澳大利亚政府理事会国家伙伴关系协议》）和住房维护合同。

五年内

● 到 2018 年，新住房或翻新住房投资的 75% 用于社区永久居住者。

● 在所有规定的社区中设立一个常态化供资的滚动维修方案。

● 每个指定社区都能获得生活用水、排水管道、电力和废物处理服务。

　　●在规定的社区中，每个住宅的平均居住率将不会高于全国平均水平。

　　●根据《澳大利亚政府理事会国家伙伴关系协议》，在所有被确定需要维修和翻新的房屋中，应完工80%。

　　十年内

　　●在规定社区内的所有住所都有生活用水、排水管道、电力和废物处理服务。

译名对照表

第一部分

第一章

健康影响评估　Health Impact Assessment（HIA）

《国家环境政策法案》　National Environmental Policy Act（NEPA）

皮尤慈善信托　Pew Charitable Trusts

国家研究委员会　National Research Council

健康影响评估委员会　Committee on Health Impact Assessment

《道法自然》　*Design with Nature*

《寂静的春天》　*Silent Spring*

世界卫生组织　World Health Organization（WHO）

欧洲卫生政策中心　European Centre for Health Policy

环境影响评估　Environmental Impact Assessment（EIA）

斯波坎市　Spokane

斯波坎地区卫生署　Spokane Regional Health District

斯波坎大学步行区/自行车桥道 HIA　Spokane University District Pedestrian/Bicycle Bridge HIA

转变巴尔的摩全面区划的健康影响评估　HIA of the Transform Baltimore Comprehensive Zoning Code Rewrite

约翰霍普金斯大学儿童与社区健康中心　Johns Hopkins University's Center for Child and Community Health

巴尔的摩市　The city of Baltimore

社会影响评估　Social Impact Assessment（SIA）

《公寓楼法案》　Housing Tenement Acts

安布勒地产公司　Ambler Realty Company

欧几里德村　Village of Euclid

环境保护署　Environmental Protection Agency（EPA）

《清洁水法》　Clean Water Act（CWA）

《安全饮用水法案》　Safe Drinking Water Act（SDWA）

国际健康促进大会　International Conference on Health Protection

《渥太华宣言》　*Ottawa Charter for Health Promotion*

《雅加达宣言》　*Jakarta Declaration*

旧金山卫生部　San Francisco Department of Health（SFDH）

《哥德堡共识声明》　*Gothenburg Consensus Statement*

《战略环境评估》　*Strategic Environmental Assessment*

国际健康影响评估联盟　International Health Impact Assessment Consortium（IMPACT）

《默西塞德郡的 HIA 指南》　*Merseyside Guidelines for HIA*

疾病预防和控制中心　Centers for Disease Control and Prevention（CDC）

旧金山公共卫生部　San Francisco Department of Public Health（SFDPH）

三一广场公寓　Trinity Plaza Apartments

《美国预防医学杂志》　*American Journal of Preventive Medicine*

《HIA 在美国的应用：27 项案例研究，1999—2007》　*Use of Health Impact Assessment in the US：27 Case Studies，1999 – 2007*

国际影响评估协会　International Association of Impact Assessment（IAIA）

《健康影响评估国际最优实践方法》　*Health Impact Assessment International Best Practice Principles*

《2006 年健康场所法案》　The Health Places Act of 2006

阿拉斯加州部落内部委员会　Alaska Inter-Tribal Council

健康发展测量工具　Healthy Development Measurement Tool（HDMT）

可持续发展社区指数　Sustainable Communities Index

北美 HIA 实践标准工作组　North American HIA Practice Standards Working Group

《HIA 实践标准》　*Practice Standards for HIA*

华盛顿州参议院第 6099 号法案　Washington State Senate Bill 6099

520 桥　Route 529 Bridge

蒙哥马利县　Montgomery County

健康决议委员会　Board of Health Resolution

奥克兰　Oakland

罗伯特·伍德·约翰逊基金会　Robert Wood Johnson Foundation

《HIA 实践标准：健康影响评估的最小因素和实践标准》　*HIA practice Standards：Minimum Elements and Practice Standards for Health Impact Assessment*

白宫儿童肥胖专案组　The White House Task Force on Childhood Obesity

美国规划协会　American Planning Association

《美国的健康情况有所改善：健康影响评估的作用》　*Improving Health in the United States：The Role of Health Impact Assessment*

健康影响评估从业者协会　The Society of Practitioners of Health Impact Assessment（SOPHIA）

国家健康影响评估会议　National Health Impact Assessment Meeting

加利福尼亚州基金会　The California Endowment

加州大学　The University of California

《与慢性疾病和平共处：呼吁公共健康行动（2012）》　*Living Well with Chronic Illness：A Call for Public Health Action（2012）*

美国卫生与公共服务部　US Department of Health and Human Services（HHS）

国家预防、健康促进与公共健康委员会　The National Prevention，Health Promotion，and Public Health Council

国家科学院　National Academies of Science

部长咨询委员会国家健康促进和疾病预防咨询委员会　Secretary's Advisory Committee on National Health Promotion & Disease Prevention

《2020 年健康人群：解决美国社会健康决定性因素的机会》 *Healthy People* 2020： *An Opportunity to Address Societal Determinants of Health in the U. S.*

《循证临床与公共健康：生产和应用》 *Evidence-Based Clinical and Public Health：Generating and Applying the Evidence*

亚特兰大环线 HIA 项目 The Atlanta BeltLine HIA

凯撒医疗集团 Kaiser Permanente

迪凯特市 Decatur

积极生活部 Active Living Division

魁北克省 Quebec

2002 年《公共健康法》 The Public Health Act of 2002

加拿大参议院人口健康小组委员会 Canada's Senate Subcommittee on Population Health

《本地政务法案》 Local Government Act

《博彩法案》 The Gambling Act

《陆路运输管理法案》 The Land Transport Management Act and the Building Act

第二章

美国认证规划师研究所 American Institute of Certified Planners（AICPs）

美国规划协会 American Planning Association（APA）

美国公共健康协会 American Public Health Association（APHA）

《人类健康 2020》 *Healthy People 2020*

随机对照试验 Randomized control trails（RCTs）

卫生改革运动 Sanitary Reform Movement

世界卫生组织 World Health Organization（WHO）

医学研究所 Institute of Medicine

埃德温·查德威克 Edwin Chadwick

《英国劳动人口卫生条件调查报告》 *Reporting on an Inquiry into the*

Sanitary Conditions of the Laboring Population of Great Britain

公共健康大学联盟　Association of Schools of Public Health（ASPH）

布罗德大街　Broad Street

约翰·斯诺　John Snow

美国规划院校联合会　Association of Collegiate Schools of Planning

美国认证规划师协会　American Institute of Certified Planners（AICP）

美国劳工部劳动统计局　The Bureau of Labor Statistics（BLS）of the US Department of Labor

芝加哥大学社会学　University of Chicago's School of Sociology

美丽城市运动　City Beautiful Movement

《美国公共健康杂志》　*American Journal of Public Health*（*AJPH*）

《美国医学协会杂志》　*The Journal of the American Medical Association*（*JAMA*）

身体质量指数　Body mass index（BMI）

传统社区发展　Traditional Neighborhood Development（TND）

过渡导向发展　Transit-Oriented Development（TOD）

新城市规划　New Urbanism

横切面规划　Transect Planning

《可持续社区经济管理伙伴关系倡议》　*Partnership for Sustainable Communities Initiative*

增长管理（反扩建）　Growth Management（anti-sprawl）

住房和城市发展部　Department of Housing and Urban Development（HUD）

交通部　Department of Transportation（DOT）

第三章

社会经济影响评估　Socioeconomic Impact Assessment（SIA）

综合评估　Integrated Assessment（IA）

成本效益分析　Cost-benefit Analysis（CBA）

环境质量委员会　Council on Environmental Quality（CEQ）

环境评估　Environmental Assessment（EA）

亨利·杰克逊　Henry Jackson

无重大影响报告　Finding of No Significant Impact（FONSI）

意向目标　Notice of Intent（NOI）

决策记录　Record of Decision（ROD）

战略环境评估　Strategic Environmental Assessment（SEA）

土地管理局　Bureau of Land Management

人体健康风险评估　Human Health Risk Assessment（HHRA）

职业健康风险评估　Occupational Health Risk Assessment（OHRA）

国际矿业和金属委员会　International Council on Mining and Metals（ICMM）

第二部分

第四章

北美健康影响评估实践标准工作组　North American HIA Practice Standards Working Group

综合影响评估　Integrated Impact Assessment（IIA）

环境、社会和健康影响评估　Environmental, Social, and Health Impact Assessment（ESHIA）

健康权益影响评估　Health Equity Impact Assessment（HEIA）

心理健康影响评估　Mental Health Impact Assessment（MHIA）

第五章

《健康家庭法案》　The Healthy Families Act

低收入家庭能源援助计划　Low-Income Home Energy Assistance Program（LIHEAP）

《全球变暖解决方案》　Global Warming Solutions Act

佐治亚理工学院生活品质增长和区域发展中心　Center for Quality Growth and Regional Development（CQGRD）at the Georgia Institute of Technology

税务分配区公民咨询委员会　Tax Allocation District Citizen Advisory Committee

人类影响合作组织　Human Impact Partners

班戈　Bangor

气候行动小组公共卫生工作组　The Climate Action Team Public Health Workshop（CAT – PHWG）

空气资源委员会　Air Resources Board

威尔明顿 – 海港城 – 圣皮埃尔　Wilmington-Harbor City-San Pedro（WHCSP）

里士满　Richmond

圣华金谷　The San Joaquin Valley

波士顿儿童健康影响工作组　Child Health Impact Working Group，Boston

波士顿大学医学院　Boston University School of Medicine

波士顿大学公共卫生学院　Boston University School of Public Health

布兰迪斯大学　Brandeis University

波士顿儿童医院　Children's Hospital Boston

哈佛医学院　Harvard Medical School

哈佛公共卫生学院　Harvard School of Public Health

波士顿马萨诸塞大学　University of Massachusetts，Boston

儿童健康影响评估策略　Child Health Impact Assessment（CHIA）

能源援助司　The Division of Energy Assistance

国家能源援助协会　The National Energy Assistance Directors Association（NEADA）

第六章

泛欧洲发展战略　pan-European Employment Strategy

楠普拉省　Nampula Province

人类影响评估　Human Impact Assessment（HuIA）

国际金融公司　The International Finance Corporation（IFC）

美洲开发银行　The Inter-American Development Bank（IADB）

非洲开发银行　African Development Bank

南屯河第二大坝　Nam Theun Ⅱ Dam

国家健康委员会　National Health Commission

不列颠哥伦比亚省　British Columbia

国际健康影响评估联盟　IMPACT Group

英国利物浦大学　University of Liverpool, UK

爱尔兰公共卫生研究所　Institute of Public Health, Ireland

荷兰国家公共卫生和环境研究所　National Institute for Public Health and the Environment, Netherlands

欧洲就业战略　The European Employment Strategy（EES）

欧洲委员会　The European Commission

欧洲共同体委员会　Commission of the European Communities

纽飞尔公司　Newfields LLC

纳卡拉大坝　Nacala Dam

纳卡拉市　Nacala City

纳卡拉港　Nacala Port

纳卡拉 – 贝拉　Nacals-A-Velha

国家疟疾控制项目　The National Malaria Control Program

疟疾联盟　Malaria Consortium

曼努考　Manukau

第三部分

第七章

加州大学洛杉矶分校　University of California Los Angeles（UCLA）

利兹　Leeds

第八章

当地研究领域　Local Study Areas（LSAs）

区域研究领域　Regional Study Areas（RSAs）

谢南多厄河　Shenandoah Valley

弗吉尼亚联邦大学　Virginia Commonwealth University（VCU）

人类需求研究中心　Center on Human Needs（CHN）

环境研究中心　Center on Environmental Studies（CES）

《HIA 纪事》　*HIA Chronicle*

弗吉尼亚环境质量局　Virginia Department of Environmental Quality（DEQ）

弗吉尼亚农业和消费者服务局　Virginia Department of Agricultural and Consumer Services

切萨皮克湾委员会　Chesapeake Bay Commission

谢南多厄河谷电视网　Shenandoah Valley Network

美国国家公园管理局 The National Park Service

谢南多厄河谷保护会　Shenandoah Riverkeeper

育空地区基诺市　Near Keno city，Yukon

栖息地健康影响咨询中心　Habitat Health Impact Consulting

育空环境和社会经济评估委员会　Yukon Environmental and Socio-economic Assessment Board（YESAB）

育空健康和社会服务局　Yukon Department of Health and Social Services

贝莱科诺矿产开采部门　Bellekeno Mine Development

大卫铃木基金会　David Suzuki Foundation

育空保护学会　Yukon Conservation Society

科哈拉中心　The Kohala Center

第九章

人口普查信息或行为风险因子监测系统　Behavioral Risk Factor Surveillance System

流行病学和最终结果监管　Surveillance Epidemiology and End Results（SEER）

国家癌症研究所　National Cancer Institute（NCI）

美国人口普查局　US Census Bureau

行为风险因素监测系统　Behavioral Risk Factors Surveillance System（BRFSS）

青少年风险行为监测系统　Youth Risk Behavior Surveillance System（YRBSS）

美国商务部 US Department of Commerce

威斯康星大学健康研究所　University of Wisconsin Public Health Institute

儿童与家庭统计联邦机构间论坛　Federal Interagency Forum on Child and Family Statistics

儿童和青少年健康数据资源中心　Data Resource Center for Child and Adolescent Health

司法部统计局　Bureau of Justice Statistics

司法方案办公室　Office of Justice Programs

美国劳工部　US Department of Labor

萨克拉门托　Sacramento

《健康影响评估的最小因素和实践标准》　The *Minimum Elements and Practice Standards for Health Impact Assessment*

残疾调整生命年　Disability Adjusted Life Years（DALYs）

堪萨斯健康研究所　Kansas Health Institute

道奇市　Dodge City

堪萨斯州东南部博彩区　Southeast Kansas Gaming Zone

福特县　Ford County

切罗基县　Cherokee County

克劳福德县　Crawford County

《加利福尼亚州本地雇工平等、公平和尊严法案》　Domestic Work Employee Equality, Fairness, and Dignity Act

雇员赔偿和职业安全与卫生司　Worker's Compensation and Division of Occupational Safety and Health

澳大利亚原住民医生协会　Australian Indigenous Doctors' Association

新南威尔士大学健康平等培训、研究和评估中心　Centre for Health Equity Training, Research and Evaluation, University of New South Wales

第十章

上游公共卫生组织　Upstream Public Health

洛杉矶社区行动网络　Los Angeles Community Action Network（LACAN）

洛杉矶法律援助基金会　Legal Aid Foundation of Los Angeles

洛杉矶社会责任医师协会　Physicians for Social Responsibility Los Angeles

安休斯娱乐集团　Anschutz Entertainment Group（AEG）

南加利福尼亚人民教育学院　Instituto de Educacion Popular del Sur de Califonia

吉尔伯特林赛公园　Gilbert Lindsey Park

第十一章

叉骨山　Wishbone Hill

索顿　Sutton

《加利福尼亚州健康家庭和健康工作场所法案》　California Healthy Families, Healthy Workplace Act

国家公共广播电台　National Public Radio（NPR）

环境资源管理组织　Environmental Resources Management（ERM）

加拿大卫生服务研究基金会　Canadian Health Services Research Foundation

《旧金山纪事报》　*San Francisco Chronicle*

《奥兰治县纪事报》　*Orange Country Register*

第十二章

克拉克县公共卫生部　Clark County Public Health（CCPH）

奥尔巴尼　Albany

梅肯　Macon

麦金托什之家　McIntosh Homes

全体公共建筑评估系统　Public Housing Assessment System（PHAS）

拜恩刑事司法改革项目　Byrne Criminal Justice Innovation（BCJI）

第十三章

可持续社区指数　Sustainable Communities Index（SCI）

第十四章

《公民参与的阶梯》　*A Ladder of Citizen Participation*

德比　Derby

航空城　Aerotropolis

《利益相关者参与健康影响评估的最佳方法指导和实践》　*Guidance and Best Practices for Stakeholder Participation in Health Impact Assessments*

第四部分

第十五章

地理信息系统　Geographic Information Systems（GIS）

蜂窝网络技术　cellular-and web-based technologies

"阿拉伯之春"运动　Arab Spring movement

乌干达　Uganda

美国注册规划师协会　American Institute of Certified Planners

认证维护　Certification Maintenance（CM）

计算机辅助电话访谈　Computer-Assisted Telephone Interview（CATI）

计算机辅助个人访谈　Computer-Assisted Personal Interview（CAPI）

谷歌公共数据资源管理器　Google Public Data Explorer

亚马逊公共数据集　Amazon Public Data Sets

流行病学研究在线数据库　CDC Wonder

地理信息系统相关资讯软件　ArcGIS

谷歌地图　Google Maps

街景　Street View

谷歌地图应用程序界面　Google Maps API

问题地图　Issue Map

伯纳利欧县　Bernalillo County

第十六章

皇家委员会　Royal Commission

第十七章

亚利桑那州立大学　Arizona State University

桑德拉·戴·奥康纳法学院　Sandra Day O'Connor College of Law

规划合作动员行动　Mobilizing for Action through Planning and Partnerships（MAPP）

社区健康评估和团体评估　Community Health Assessment and Group Evaluation（CHANGE）

社区环境卫生表现评估议定书　Protocol for Assessing Community Excellence in Environmental Health（PACE–EH）

国家城镇卫生官员协会　National Association of City and County Health Officials（NACCHO）

国家环境健康中心　National Center for Environmental Health（NCEH）

附录

梅特·弗兹加德　Mette Fredsgaard

本·凯夫　Ben Cave

艾伦·邦德　Alan Bond

《国家偏远土著住房伙伴关系协定》　*National Partnership Agreement on Remote Indigenous Housing*

《澳大利亚政府理事会国家伙伴关系协议》　*COAG National Partnership Agreement*

健康影响项目　The Health Impact Project（HIP）

卫生公平培训、研究和评价中心　The Centre for Health Equity Training，Research and Evaluation（CHETRE）

健康发展测量工具　Healthy Development Measurement Tool（HDMT）

美国博彩协会　America Gaming Association （AGA）

非快速眼动睡眠　Non-Rapid Eye-Movement （NREM）

快速眼动睡眠　Rapid Eye-Movement （REM）

国家职业研究议程　National Occupational Research Agenda （NORA）

美国绿色建筑委员会　U S-Green Building Council

赛克兹　Sekgz

巴克桑德尔　Baxandall

文兹　Wenz

朗　Long

亚特兰蒂斯　Atlantis

斯特拉兹丁　Strazdins

《赌博的影响和行为研究》　*Gambling Impact and Behavior Study*

谢弗　Shaffer

陈　Chan

哈尔　Hing

《北部地区应急行动健康影响评估》　*Health Impact Assessment of the Northern Territory Emergency Response*

《上帝的小孩》　*Little Children are Sacred*

图书在版编目（CIP）数据

　　美国健康影响评估：理论、方法与案例／（美）凯瑟琳 L. 罗斯（Catherine L. Ross），（美）玛拉·奥伦斯坦（Marla Orenstein），（美）妮沙·博特维（Nisha Botchwey）著；赵锐等译. -- 北京：社会科学文献出版社，2020.5

　　书名原文：Health Impact Assessment in the United States

　　ISBN 978 - 7 - 5201 - 6428 - 3

　　Ⅰ.①美… 　Ⅱ.①凯… ②玛… ③妮… ④赵… 　Ⅲ.①环境影响 - 健康 - 评价 - 研究 - 美国 　Ⅳ.①X503.1

　　中国版本图书馆 CIP 数据核字（2020）第 050410 号

美国健康影响评估：理论、方法与案例

著　　者／〔美〕凯瑟琳·L. 罗斯 　〔美〕玛拉·奥伦斯坦 　〔美〕妮沙·博特维
译　　者／赵　锐　李雨钊　刘春平　高晶磊

出 版 人／谢寿光
组稿编辑／刘骁军
责任编辑／姚　敏
文稿编辑／许文文

出　　版／社会科学文献出版社（010）59367161
　　　　　　地址：北京市北三环中路甲 29 号院华龙大厦　邮编：100029
　　　　　　网址：www. ssap. com. cn
发　　行／市场营销中心（010）59367081　59367083
印　　装／三河市东方印刷有限公司

规　　格／开　本：787mm × 1092mm　1/16
　　　　　　印　张：17.5　插页：1　字　数：263 千字
版　　次／2020 年 5 月第 1 版　2020 年 5 月第 1 次印刷
书　　号／ISBN 978 - 7 - 5201 - 6428 - 3
著作权合同
登 记 号／图字 01 - 2018 - 4981 号
定　　价／98.00 元